AIGC 绘画
Stable Diffusion
软件精讲与商业实战

@松柏君 著

内 容 提 要

本书深入探讨了人工智能绘画技术Stable Diffusion的应用与原理，带领读者与AI合作，并通过提示词控制内容生成。书中详细介绍了AI绘画技术的发展历程、基本概念、工作流程及与图像生成相关的深度学习模型。通过案例分析，作者展示了如何使用Stable Diffusion进行图像创作，包括调整参数、使用ControlNet插件和优化提示词等技巧。此外，书中还讨论了AIGC技术的潜在影响，包括对内容创作产业的颠覆和应对版权问题等。本书旨在帮助读者掌握AI绘画技术，提升个人技能，并在AI时代获得竞争优势。

图书在版编目(CIP)数据

AIGC绘画：Stable Diffusion软件精讲与商业实战 / @松柏君著. -- 北京：北京大学出版社，2025.8.
ISBN 978-7-301-36018-7

Ⅰ. TP391.413

中国国家版本馆CIP数据核字第2025JN5819号

书　　　名	AIGC绘画：Stable Diffusion软件精讲与商业实战
	AIGC HUIHUA：Stable Diffusion RUANJIAN JINGJIANG YU SHANGYE SHIZHAN
著作责任者	@松柏君　著
责 任 编 辑	王继伟　吴秀川
标 准 书 号	ISBN 978-7-301-36018-7
出 版 发 行	北京大学出版社
地　　　址	北京市海淀区成府路205号　100871
网　　　址	http://www.pup.cn　　新浪微博：@北京大学出版社
电 子 邮 箱	编辑部 pup7@pup.cn　总编室 zpup@pup.cn
电　　　话	邮购部 010-62752015　发行部 010-62750672　编辑部 010-62570390
印 刷 者	北京宏伟双华印刷有限公司
经 销 者	新华书店
	787毫米×1092毫米　16开本　11.5印张　296千字
	2025年8月第1版　2025年8月第1次印刷
印　　　数	1-3000册
定　　　价	79.00元

未经许可，不得以任何方式复制或抄袭本书之部分或全部内容。
版权所有，侵权必究
举报电话：010-62752024　电子邮箱：fd@pup.cn
图书如有印装质量问题，请与出版部联系，电话：010-62756370

专家赞誉

松柏在大学时就是一位出色的学生，那时他在很多专业赛事获奖，取得了不凡的成绩。他以其独特的创意、深刻的思考和精湛的表达，赢得了老师们的普遍赞誉。毕业后他涉足AI绘画，最初我偶尔会在各种平台看看他的作品，后来不知从什么时候开始持续关注他的作品，这是我第一次关注自己的学生。他的作品展现出非凡的才华和深厚的艺术功底，我没有用绘画功底而是用艺术，是因为他的作品关注当下，虽然画面内容元素不多，但是总能给人心灵的触动和思想的启迪。这次他受北京大学出版社的邀约出版这本AIGC的书，把他AI绘画创作经验分享给大家，我相信定能给您带来不一样的阅读体验和思考启示！

河北经贸大学艺术学院院长　聂书法

在生成式AI技术如火如荼的当下，Stable Diffusion堪称当前最具代表性的核心引擎之一。本书不仅系统地阐述了Stable Diffusion的工作原理和实战流程，更结合提示词（Prompt）以及ControlNet等技术，为从业者和爱好者提供了深度创意与精准控制的实用指南。作者武松柏（@松柏君）以丰富的案例和专业的视角，展示了AI绘画在商业化落地和艺术探索中的多重可能性。

在我看来，本书的价值还在于对生成式AI在版权、产业升级等层面的思考。无论你是设计师、AI研究员，抑或是对AI艺术抱有好奇的普通读者，皆能从中汲取到理论与实践并行的宝贵经验。置身于AIGC时代的浪潮中，希望每位读者都能从这本书中找到属于自己的灵感火花，打开创作的全新维度。

艾门韦思创始人　黄楚杰

在探索AI绘画这一充满潜力和创意的领域时，武松柏的新书以严谨的思路和清晰的讲解，为读者提供了重要的指引。这本书不仅梳理了AI绘画的核心技术和实践方法，还结合了作者的深入思考，为初学者和有一定经验的爱好者提供了宝贵的启发和参考。如果你对AI绘画感兴趣，这本书将是你理解和实践这一领域的良好伙伴。

《经济观察报》艺术总监　肖利亚

这是一个AI技术迭代速度超乎想象的时代，AI正全方位重塑着我们的世界。从日常社交媒体内容到影视特效制作，AIGC的身影无处不在。

作者凭借敏锐的洞察力，在AI浪潮兴起之初就投身其中深入研究。虽然并非科技从业者出身，但作者多年的艺术与设计专业背景，赋予了他超越数据处理的独特视角。十年前，他就如孤勇者般深入探索AI领域。

这本凝聚作者十多年实践经验的新书，犹如一把精准的利器，直指AI视觉领域的核心，深入剖析其底层逻辑。书中不仅将复杂晦涩的算法原理讲解得深入浅出，更全面探索了多元应用场景，涵盖创意艺术创作到高效商业营销等多个维度。

无论是对新兴技术充满好奇、渴望打开AIGC知识大门的新手，还是在AIGC领域深耕多年、寻求突破的专业人士，都能从本书中获得启发。唯有把握AIGC浪潮下的无限机遇，才能在这个充满变革的时代抢占发展先机。

上海韦世展览／梅迪维视文化传播／艺通佰通艺术发展创始人　刘伟

松柏是国内首屈一指的AI工程师，他在传统视觉创意行业不出意外地陷入发展僵局之际，凭借对深度学习算法的深刻理解，创新性地提出了AI技术改进方案，不仅成功解决了诸多难题，还大幅提升了项目的整体性能，令团队成员和业界同行都为之赞叹。

他对工作的热爱和对技术的钻研精神，时刻感染着身边的每一个人。无数个日夜，他都沉浸在代码的世界中，不断探索AI技术的边界。他不仅自己追求进步，还十分乐于分享知识。在公司内部，他常常组织技术研讨会，将自己最新的研究成果和实践经验毫无保留地传授给同事们。当年轻的工程师们在技术道路上迷茫时，他总是耐心倾听，给予细致的指导和宝贵的建议，帮助他们少走了许多弯路。在他的影响下，团队形成了浓厚的学习氛围，整体技术水平得到了显著提升。

如今，他将自己多年积累的宝贵经验、独到的思考与探索，都融入了本书中。本书不仅是对AI技术的系统阐述，更是他个人智慧与精神的完美体现。相信每一位阅读这本书的读者，都能从中汲取到智慧的养分，感受到他对AI事业的无限热忱。希望这本书能够成为广大AI爱好者和从业者的良师益友，助力他们在AI的浩瀚星空中找到属于自己的方向

上海汉阵数码科技／北京菁趣文化联合创始人　张歌峰

在AI绘画浪潮中，想寻找实用指南？本书不容错过！本书依托海量实操案例，如同导师在身旁手把手教你掌控图像生成。无论是初涉AIGC领域的新手，还是寻求进阶的专业人员，都能从中精准获取所需，成功攻克AI绘画难题，踏上创作与应用的新征程。

《现代广告》杂志社视觉总监　张萧

在数字创意的浪潮中，人工智能正以前所未有的速度渗透到每一个艺术创作的维度。本书为我们呈现了这一领域最前沿的技术与应用。作者武松柏通过深入浅出的讲解，带领读者走进Stable Diffusion的世界，从基础理论到复杂操作、从提示词的精准运用到ControlNet插件的巧妙应用，为每一位创作者提供实用工具与灵感。

不仅如此，书中还透过生动的商业案例，探讨了AIGC技术在实际应用中的无限可能，特别是在版权保护、创作自由与商业落地等方面的前瞻性思考。这样深入结合技术与实践的洞察，不仅让初学者能够轻松上手，也为经验丰富的从业者提供了不少创意启发。

作为Almwise的联合创始人，我深知创新与技术相融合的巨大潜力。这本书不仅为我们打开了AIGC

创作的新大门，更为我们提供了一个崭新的视角，去审视AI与艺术交汇的未来。我相信，每一位读者都能在书中找到属于自己的灵感和力量，开启一段崭新的创作之旅。

AImwise联合创始人，生成式AIGC领域创新者　ToniX

如果说艺术是人类灵魂的一面镜子，那么AI绘画技术就是这面镜子的新角度，让我们看见未曾见过的风景。武松柏老师的这本书，不仅是一份关于技术与艺术的指南，更是一场关于未来与创造的对话。

书中的每一个案例、每一段文字，仿佛都在邀请我们走近一个全新的创作世界——那里，技术不再冰冷，反而成为艺术家手中的温暖工具。松柏用他深厚的专业积累和温润的笔触，让我们看见AI绘画的可能性，更提醒我们，真正的竞争力不是赶超技术，而是与技术共舞。

这是一本让人打开界限、打开心灵的书，它不仅教会你如何掌握AI绘画的技能，更教会你如何在变化中寻找不变的美。在这个瞬息万变的时代，这本书或许是你手中的那一把钥匙。推荐给每一位怀抱创作热情的人——无论你是一位艺术家、设计师、学生还是爱好者，都可以在这本书中找到属于自己的启发与勇气。

微云文化联合创始人，上海商学院艺术学院讲师　冀承武

松柏老师是位专业且有耐心的AI训练师，我们从他身上学到了很多！

上海梦幻景设数字科技有限公司总经理　wander　TAN

这是一部引领时代的实用指南，也是人工智能绘画领域的探索之作。作者以清晰的逻辑和丰富的案例，深入浅出地剖析了Stable Diffusion技术的核心原理与应用技巧。从创作实践到产业思考，从技术细节到未来展望，本书不仅为读者提供了掌握AI绘画的全面路径，更启发了关于AIGC技术的深层思考。无论是创作者还是技术爱好者，都能在这里找到灵感与方法，在AI驱动的未来抢占先机。这本书，值得一读！

杭州码咩网络科技有限公司CEO　农总

想象一下，你的灵感不再被工具或技法限制，只需几句话，AI便能将你的想象变成触手可及的画面。这就是Stable Diffusion，一项正在改变艺术创作规则的技术。它不仅是一种工具，更是人类与AI合作共创的全新方式。

面对这样的技术浪潮，创意的价值需要重新定义，尽管AI生成的作品或许惊艳，但艺术真正的独特性始终源于人类情感与思想深度。我们应与AI合作，而非抗拒，同时培养审美与辨别力。当AI生成内容充斥市场，需要我们有敏锐的审美眼光，去辨别真正有深度的作品。最重要的是拥抱新的可能性，AI不只是工具，它为艺术家打开了新的实验空间，让创作不再受传统媒介的限制。

在我们的设计公司，AI已经带来了以下三点变革：一是创意形式革新，AI让品牌设计更加多样化，灵感能够迅速生成并呈现多种可能性；二是商业模式重塑，Stable Diffusion将设计从单一视觉创作提升为智能化、数据驱动的品牌服务；三是灵感的再定义，设计师通过与AI协作，专注于更具战略性和创新性的创作，成为"超级智能单体"。

松柏老师以深刻的见解与生动的语言，在书中揭示了 Stable Diffusion 的技术内核及其对创意的深远影响，并引导我们思考人类与 AI 的共生未来。这本书适合每一个对艺术与技术充满好奇的读者。未来已来，AI 将无限拓展创意的边界。你，准备好迎接了吗？

猎狐家居研发院、品牌总监　范勉

炼丹科技在探索实习生与 AI 课程学员的培养方式时发现了这个大宝藏，本书很适合作为新手入门 Stable Diffusion 的启蒙工具书，帮助读者打好扎实的 AI 基础，为更进阶的 AI 实战做好准备。建议每位 Stable Diffusion 初学者常备一本于案头，随时查阅，常看常新！

AI 炼丹师　忠忠

松柏老师从 Stable Diffusion 社区兴起时，就一直很热心地在网络平台为大家分享 AIGC 相关知识及商业化应用，我早就是他的忠实粉丝。现在，他将多年以来积累的知识与经验整合归纳，形成一本体系化的教学书籍，十分难得。希望这本书可以让大家更加循序渐进、融会贯通地了解生成式图像模型的相关应用与案例，借助 AI 显著提高自身与团队的创作生产力。

知名开源模型作者　LEOSAM 是只兔狲

本书为那些希望在 AI 时代引领艺术创新潮流的艺术家和设计师们提供了一部不可或缺的指南。本书不仅深入浅出地介绍了 AIGC 领域突破性工具——Stable Diffusion，还详细探讨了其背后的原理、工作流程，以及与之相关的深度学习模型。

书中通过一系列生动详实的案例分析，指导读者正确利用提示词和参数调整来精确控制图像创作过程，同时展现了 ControlNet 等插件的高级功能魅力，让复杂的 AI 技术变得触手可及。作者将理论知识与实践操作完美结合，鼓励读者大胆尝试、不断探索，旨在帮助每一位创意工作者都能熟练运用 Stable Diffusion，创造出既具个人特色又符合市场需求的作品。

对于希望提升自身技能并在快速发展的数字艺术领域中脱颖而出的专业人士来说，这本书不仅是一部教程，更是一份激发灵感、推动创新的宝贵资源。它将带领读者跨越传统艺术形式的界限，迎接由 AI 技术带来的无限可能，共同开启一个全新的创作纪元。

北京启兰科技有限公司创始人　罗孟彬

前言 Preface

随着技术的不断发展，如今AI已经在各个领域发挥着重要的作用。在工业领域，AI可以提高生产效率和降低成本。例如，通过使用机器学习算法来优化生产流程，可以提高产品质量，并减少资源的浪费。在金融领域，AI可以帮助识别风险和欺诈行为，提高交易的安全性和效率。在医疗领域，AI可用于辅助诊断和治疗，提供更精确的医疗方案。在交通领域，AI可以实现自动驾驶，减少交通拥堵。在市场营销领域，AI可以分析大量的消费者数据，提供个性化的推荐和营销策略，提升企业的竞争力。总体来说，随着AI技术的不断发展和应用，它正逐步成为各行各业的重要生产力，乃至成为人们的一种生活方式。

我们的衣食住行、工作娱乐都离不开AI技术，而如何对待AI，能否与它进行流畅的交互，已成为提升工作效率的关键。本书是AI绘画的入门书，主要讲解一种关于Stable Diffusion的AI绘画技术。使用Stable Diffusion时，我们可以通过提示词（Prompt）控制内容生成，也可以用丰富的插件去达成内容创作的目的。我们会碰上很多问题，也会解决很多问题，在这个过程中，就会逐渐培养出与AI打交道的习惯，为未来全面应用AI打下基础。

通过对本书的完整阅读，读者可以获得以下收获。

（1）探索内容创作的新可能性：学习Stable Diffusion可以帮助我们拓展内容创作的边界。AI绘画技术提供了一种全新的方式来生成和探索艺术作品，通过与AI合作，我们可以开拓创作的新领域，创造出以前从未想象过的作品形式和风格。

（2）提升创作效率：AI绘画技术能够帮助艺术家更高效地创作作品。通过利用AI生成图像或使用AI辅助工具，可以节省大量时间和精力，快速获得灵感和创作的起点。AI还可以提供创作建议和改进意见，帮助艺术家提升作品质量和创作效果。

（3）丰富个人技能和增加就业机会：掌握Stable Diffusion这个当下用户体量巨大、生态极为丰富的AI绘画软件，可以为我们带来更多的就业机会和发展空间。随着AI技术在艺术和创意领域的应用不断增加，市场对懂得如何运用AI进行创作的专业人士的需求也在增长。

（4）获得AI时代复利：复利是利息再生利息，即资产收益继续投资，实现指数级增长。AI已经成为一个全球性的技术热点，培养与它协同的工作习惯，了解它的工作原理，能为我们带来宝贵的经验。我们从小处累积优势，就会逐渐与其他人拉大距离，让学习AI的收益越来越高。

在开始学习之前，我们还需要明确一个最基础的概念，就是本书标题中的"Stable Diffusion"指的究竟是什么。stable-diffusion指的是GitHub上开源的项目名称，是一种前沿的AI绘画技术，而stable-diffusion-webui指的是基于stable-diffusion的UI交互项目，这个项目的出现使AI绘画被大众接触变得可能，为了书写便利，本书会将stable-diffusion-webui简写成SD webUI。至于书名中的Stable Diffusion，则是指stable-diffusion与stable-diffusion-webui两者的统称，因为本书对这两个概念都有深入讲解，因此将"Stable Diffusion"放入本书书名比较合适，也容易理解。

赠送资源

本书赠送如下学习资源：

①本书配套的视频教学课程，超过200分钟，详细介绍了插件安装、提示词技巧、软件操作等各个环节的内容，手把手带您开启AI绘画之路；

②本书中使用的专业绘画软件SD webUI，以及配套的几乎所有插件和经典模型等资源。您可以开箱即用，节省四处寻找资源的时间。

以上资源，读者可以扫描下方二维码关注"博雅读书社"微信公众号，输入本书77页的资源下载码，即可获得本书的下载学习资源。

特别提醒

本书从写作到出版，需要一段时间，软件升级可能会有界面变化，读者在阅读本书时，可以根据书中的思路，举一反三地进行学习，不拘泥于细微的变化，掌握使用方法即可。

目录 CONTENTS

01 第 1 章 AI 绘画导论

1.1 AI 绘画技术发展的里程碑　002
1.2 学习 AI 绘画技术的必要性　005
1.3 主流的 AI 绘画工具　008

02 第 2 章 stable-diffusion 背后的基本原理

2.1 你学的是内功还是招式？　012
2.2 stable-diffusion 的基本技术原理　012
2.3 更底层的技术　017
2.4 为什么 GPU 更适合进行 AI 绘画？　020

03 第 3 章 stable-diffusion 的工作流程

3.1 部署 stable-diffusion webUI　025
3.2 stable-diffusion webUI 参数详解——快速上手生成图片　029
3.3 stable-diffusion webUI 中各个文件夹的作用　036
3.4 各种模型的特征、安装和使用　037
3.5 插件的下载和安装　042

04 第 4 章 提示词的艺术

4.1 提示词的基本语法　045
4.2 神奇的中国风机甲　055
4.3 用 AI 来玩胶片摄影　067

05 第 5 章 利用 ControlNet 模型控制画面生成

5.1 ControlNet 模型的工作方法　074
5.2 ControlNet 插件的界面　075
5.3 ControlNet 的各种模型　080
5.4 ControlNet 插件的其他用法　096

06 第 6 章 画面的局部控制

6.1 图生图页面　100
6.2 改变人物表情　107
6.3 修手　112
6.4 生成统一的人物特征　117
6.5 调整画面的光　119
6.6 局部图片的外扩　123

07 第 7 章 商业案例实战

7.1 服装穿搭模特图　128
7.2 室内设计　131
7.3 IP 三视图设计　135
7.4 品牌海报制作　139
7.5 古画修复　143
7.6 艺术文字设计　147

目录 CONTENTS

08 CHAPTER 第 8 章
LoRA 模型训练

8.1 训练工具的安装　　　　　　　　151

8.2 训练集的收集与处理　　　　　　152

8.3 制作合适的训练集标签　　　　　153

8.4 LoRA 模型训练实操　　　　　　156

8.5 模型测试　　　　　　　　　　　161

8.6 与客户对接模型训练工作　　　　166

09 CHAPTER 第 9 章
仰望星辰大海

9.1 探索 AI 在各领域的应用　　　　170

9.2 AI 生成图片的法律和版权问题　172

9.3 AI 绘画未来发展和可能性　　　173

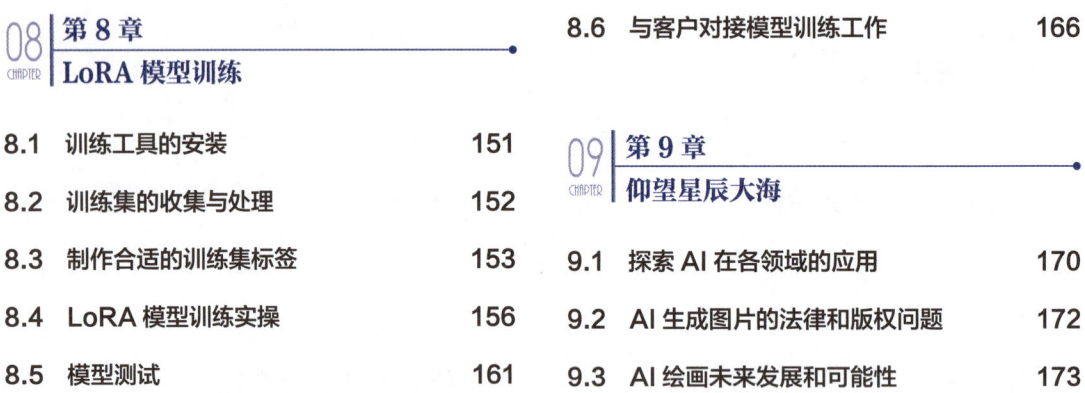

第1章

AI绘画导论

1.1 AI绘画技术发展的里程碑

人工智能（Artificial Intelligence，AI）绘画技术在过去几十年中取得了惊人的成绩。从最早的计算机生成简单图形，到如今的深度学习算法能够创作逼真的艺术作品，AI绘画已经成为内容创作领域的重要一环。回顾人工智能绘画技术的发展历程，我们能够感受到人类为将科技和艺术相结合而付出的不懈努力。

在1956年的美国达特茅斯大会上，经麦卡锡等人提议，"人工智能"这一术语正式被采用，这标志着人工智能学科正式形成。1997年，IBM的"深蓝"超级计算机击败国际象棋世界冠军卡斯帕罗夫，展示了AI在处理复杂任务上的潜力，这为后来的AI绘画技术提供了启示。

伊恩·古德费洛等人在2014年提出的GAN（Generative Adversarial Network，生成对抗网络）技术成为AI绘画的重要突破。GAN模型是由一个生成网络和一个判别网络组成的，通过这两个神经网络相互对抗并且不断调整参数的方式，来学习和生成高度逼真的图像，这项技术使AI绘画的发展产生了质的飞跃。此外，该方法还被用于生成视频、三维物体模型等。2015年，谷歌公司开发了DeepDream算法，在人工神经网络算法的基础上，通过对人类输入的图像进行处理，进而生成梦幻般的图像效果，从传播角度上激发了大众对于AI绘画技术的兴趣。两年后，斯坦福大学的研究人员开发出了GANPaint，它能利用GAN来编辑图像的不同部分，例如，可以修改图像的颜色、形状和纹理等。该技术可以通过对图像进行插值或手绘，使用户可以更加直观和自由地进行图像编辑，这也就意味着更大的创作自由。

与此同时，更多的企业也不断地在AI绘画领域进行发力。在2019年，NVIDIA发布了名为StyleGAN2的算法，它不仅能够生成高质量的逼真图像，还具有更好的图像控制性能，提升了AI绘画的真实感和艺术性。OpenAI公司则在2021年接连推出两个重磅模型：CLIP（Contrastive Language-Image Pre-Training，对比语言-图像预训练）和DALL·E。CLIP可以基于文本生成图像来打破语言和图像两种不同信息模态的边界，实现两者的顺利交流。DALL·E则基于GPT-3架构的Transformer模型（120亿参数版本）来理解自然语言输入并生成相应的图片。它既可以生成现实的对象，比如一位戴着牛仔帽的老人，也能够生成现实中不存在的对象，比如长着翅膀的马。这两个模型的推出，为未来的文本生成图像打下了技术基础。

2022年，AI绘画领域迎来了重大突破。2月，Disco Diffusion作为首批将CLIP模型运用到AI绘画中的工具，在绘画、艺术创作和图像生成等领域开始崭露头角。它可以在Google Colab平台上运行，并支持本地部署，通过将提示词转化为图像，来实现根据文字描述创作图像的功能。同年7月，Stability AI团队开放了Stable Diffusion源代码，该技术利用了大量的图文模型进行训练，通过一段关于画面的描述词生成各种自定义风格的图像。它能够部署在消费级的显卡上，真正将AI绘画的乐趣带入千家万户。Stable Diffusion在2023年7月已拥有数以万计的模型，以及从图片控制到视频编辑的各种功能的插件，对AI绘画生态产生了巨大影响。（本书主要使用Stable Diffusion来进行AI绘画的教学。）

与此同时，2022年也被认为是AIGC（Artificial Intelligence Generated Content，生成式人工智能）的元年。AIGC是指利用人工智能技术生成内容，将内容的制作者从实打实的人或机构变成了AI，它将会改变内容领域的生产方式，以至于带来整个行业的变革。在这一年里，许多明星技术和产品逐步问世，除了AI绘画，还产生了如AI语音、AI模型、AI聊天等AI技术支持的产品，使AIGC在元宇宙、Web3等概念大行其道的2022年强势崛起。那么,AIGC技术的爆火,对各个行业将产生怎样的影响呢?

首先,AIGC技术将极大地提升内容创作的效率。传统的内容创作需要创作者投入大量的时间和精力,进行构思、绘画和润色等工作,而AIGC技术可以通过分析大量的作品和图像数据,生成高质量的内容作品。这种高效率的创作方式将极大地缩短内容的创作周期,提升了内容创作者的生产效率。如2022年8月,由AI作画软件Midjourney生成的绘画作品《太空歌剧院》(见图1.1),因其绝佳的构图创意和色彩搭配,在美国科罗拉多州博览会上获得艺术比赛一等奖。

图1.1

其次,AIGC技术还将推动内容风格的多样化。我们仅拿AI绘画软件Stable Diffusion举例,它可以自由使用各种用户训练的模型,因此可以生成超多风格和类型的视觉内容作品,内容创作者可以通过这种方式拓展自己的创作领域,探索更多新的视觉表现形式和风格。这也将促进艺术家之间的交流和合作,进一步推动艺术创作的多元化发展。

而且,由于AI技术可以在短时间内生成高质量的内容作品,这让传统的创意广告和设计市场的从业人员面临巨大的冲击和变革。试想一下,AI在低成本下可以做到10分钟内生成20张图片,而一位薪资不菲的专业设计人员生成一张图片可能要1个小时,那么公司将如何对岗位进行优化,答案一目了然。但与此同时,市场也会创造出一批新的工作岗位,比如"提示词工程师"或"AI模型训练师"等。

以上仅仅是关于行业人员结构发生的变化,随着AIGC技术的普及,生产内容的成本也随之产生了断崖式的下降,因为供给端成本的变化会逐步影响到产业的上游和下游。我们仅举一例:在4A广告公司中,生成一张产品的创意海报,如果用摄影的方式,由专业摄影团队制作的成本约10万元;如果使用C4D建模技术,制作成本约8000元;但是如果使用Stable Diffusion软件和PS进行合成,制作成本仅在2000元以内。所以,可以预见的是,必然有大量的制作需求将从原本的摄影行业或建模行业转移到AIGC从业者手中，从而对原本的摄影、建模行业的从业者业务和人力结构产生影响。

更重要的是，在一幅由AI创作的作品中，我们该如何判断人工智能和人类创意所占的比重，以及如何处理所涉及的版权和原创性问题呢？这样的问题经常引起激烈的争论。由于AI生成的作品可以让毫无美术经验的人高效地创作出精美的画作，而且用户可以使用任意图片进行训练，转而生成相似风格的图片，这使从业良久的视觉艺术工作者的利益直接受到侵害——如果通过AI可以轻松得到与知名艺术家的作品几乎质量相同的作品，谁还会愿意支付高昂的费用给真正的创作者呢？例如，国外知名综合性视觉艺术平台ArtStation的创作者，就因不满AI图片泛滥的现状和自己的作品被AI训练，从而发动了一场"NO TO AI GENERATED IMAGES（拒绝AI绘画）"的刷屏活动，我们可以看到平台的主页（见图1.2）挤满了同一幅带有红色禁止标志覆盖"AI"字样的封面。创作者通过集体发布这样的图片来宣泄不满。

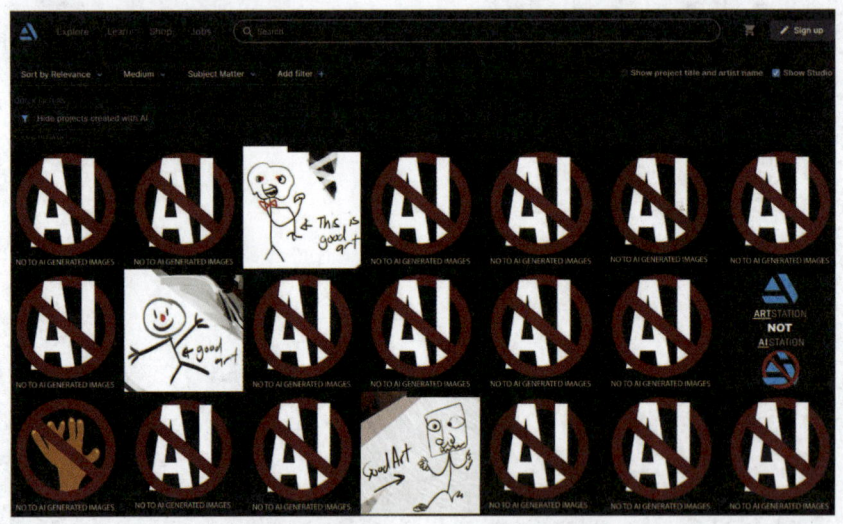

图1.2

因此，ArtStation平台官方在创作者上传作品页面中的"使用的软件"一栏中加入了使用人工智能软件的提示（见图1.3），同时添加了标签，让创作者能够注明他们的作品是否使用了人工智能来进行创造。

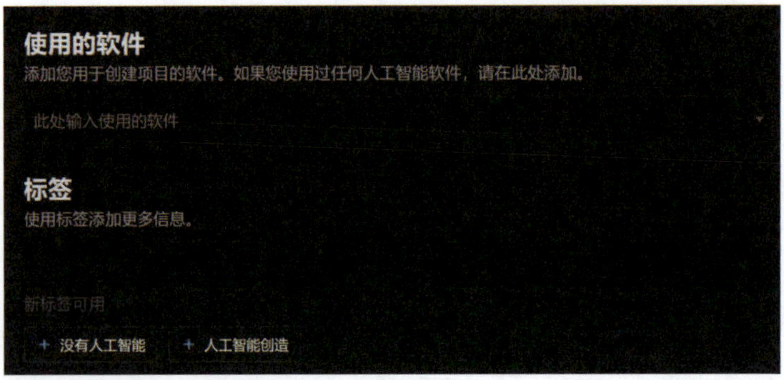

图1.3

所以，随着AIGC技术的逐渐普及，其对整个内容创作产业链将带来的颠覆式影响。虽然这种技术目前存在一些挑战和问题，但它也将为内容创作者带来更多的机遇和可能，同时也将推动整个行业向着更加多元化和创新化的方向发展。

1.2 学习AI绘画技术的必要性

在2023年1月百度的一场大型活动上，李彦宏发表了关于人工智能创作的预言，引起了广泛的关注和讨论。他预测未来十年，人工智能将颠覆现有的内容生产模式，通过AI生成原创内容，实现成本的大幅降低和生产速度的极大提升。这个观点笔者十分赞同，因为AI最令人畏惧的其实并不是它强大的图像生成技术，也不是智能的聊天逻辑，而是其恐怖的迭代能力。如图1.4所示，两张图片都是使用扩散模型生成的，左侧是使用2015年推出的DeepDream生成的图片，猫的形象还不是很真实，右侧是使用2022年推出的Stable Diffusion生成的图片，已经完全是照片的感觉了。仅仅相隔几年，AI在生成图像的精细度上就有如此巨大的进步，很难想象再过几年AI究竟会发展到何种境地。

图 1.4

2022年8月初，Stability AI公司将Stable Diffusion的代码进行了开源，任何人都可以免费使用，来生成自己的图片。而同年的8月底，一位名为AUTOMATIC1111的开发者就在知名的开源代码托管平台GitHub上，公布了自己基于Stable Diffusion技术的Web UI项目：Stable Diffusion-webui（以下简称SD webUI）。SD webUI为Stable Diffusion代码添加了UI界面，因为原本的Stable Diffusion只能以代码的形式使用，操作难度高。而SD webUI所提供的可视化操作界面，大大降低了使用者的门槛，让只有一点编程基础的用户也能够熟练使用。截至2025年6月，这个项目（见图1.5）在GitHub上已经有15.4万的收藏。

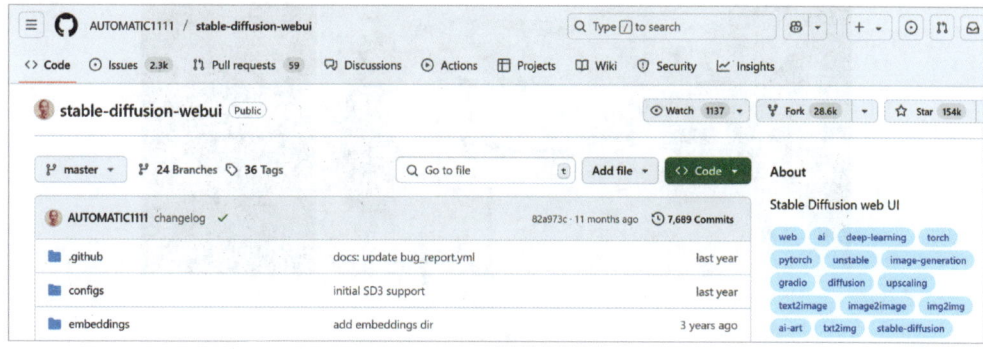

图 1.5

到了2022年底，就已经有人制作出了基于SD webUI的整合包。因为SD webUI虽然配置了可视化的UI操作界面（见图1.6），方便了用户操作，但是Stable Diffusion需要的环境依赖，比如python、torch等仍然需要用户自己安装，这对于没有编程基础的人来说基本上等于"禁止进入"。而基于SD webUI的整合包就完美地解决了这一点，因为整合包是将运行软件所需要的各种环境依赖都打包在了一起，真正做到了即开即用。

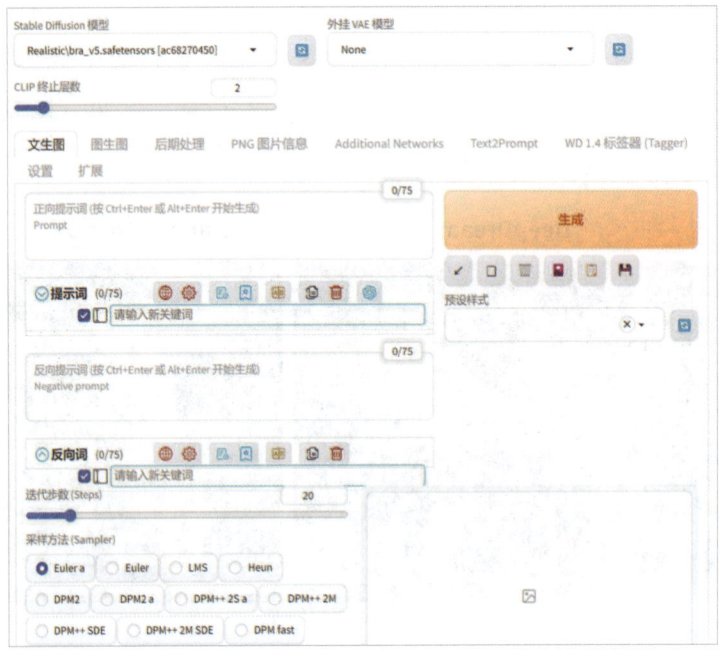

图1.6

这些仅仅是软件本身的迭代，而更多的是软件功能的迭代。Stable Diffusion的用户可以使用自己个性化风格的模型，生产极其丰富的内容（见图1.7）。例如，在Stable Diffusion中使用二次元模型就能生成二次元风格的图片，使用写实风格模型就能生成写实风格的图片，使用图标类型的模型就能生成各种图标，丰富的视觉风格很轻松就能接入各个商业场景中。现如今很多游戏原画行业、电商行业的从业者，都在使用这门技术来提高自己的工作效率。

图1.7

除了能够生产不同风格的图形，基于SD webUI的插件生态系统（见图1.8）还极大地拓展了AI绘画功能。我们可以用ControlNet精准地控制画面生成，用After Detailer修复脸部，还能用Deforum生成视频，用Vector Studio生成向量图形，直接对生成的图形进行编辑。

图1.8

在诸多插件之中，最值得一提的就是ControlNet。它是一种通过添加额外条件来控制扩散模型的神经网络结构，简言之，就是用户可以通过自定义的条件来控制Stable Diffusion生成的图片。这一点尤为重要，因为在此之前，几乎所有的AI绘画软件，比如Disco Diffusion或Midjourney，它们生成图片的过程可以称为"开盲盒"，我们基本上无法预判AI生成图片的要素，比如构图或人物的动态、位置，有时候即使在提示词里写上"一个人"，生成的图片中可能也会出现两个人。而ControlNet可以通过定义好的控制条件来对生成的画面进行控制输出，定义好的控制条件指的就是各种自定义的模型（见图1.9）。比如控制人物动态的OpenPose，控制图片空间深度的Depth，或者控制画面凹凸关系的法线（Normal Line）等。

图1.9

就拿其中的OpenPose来说，我们可以使用OpenPose图（见图1.10），连续生成相同人物动态的不同风格的图片。

图1.10

ControlNet的开发无疑给我们的工作效率带来了极大的提升，毕竟商业绘画对可控性的要求非常高，只有做到指哪打哪，AI绘画才能真正紧密地融入我们的工作之中。

以上谈到了AI生成图片质量的迭代、软件的迭代、作品风格的迭代及插件生态的迭代，而这仅仅是Stable Diffusion开源一年以来的迭代状况。我们实在无法想象两年或三年后的软件生态是什么样子，会不会只用语音和AI交谈，就能生成精彩的内容？当下唯一能确定的是，AI正逐步成为各个领域的重要生产工具。

在创意领域，我们可以运用AIGC技术在极短的时间内生成大量精美的图片，既可以为实际的商业设计做参考，也可以直接运用在我们的作品中；在电商领域，可以使用Stable Diffusion凭空生成写实的产品场景图、模特穿搭图，节省模特和摄影费用；在小说领域，同样可以使用AIGC技术来为小说搭配精美插图；在游戏领域，大量的原画工作正逐渐转移给AI来完成；在广告领域，Stable Diffusion因其丰富的输出内容形态和图片生成的可控性，越来越成为不逊于Photoshop的主力工具之一；在室内设计领域，用一张没有经过任何装修的毛坯房图片，运用Stable Diffusion就可以直接让客户看到各种装修风格的效果。种种实例，不胜枚举。

AIGC技术的迭代速度日新月异，而每一次迭代都会提高我们的进入门槛，更重要的是，AIGC技术因其廉价的成本和丰富的生态，会越来越成为主流的生产方式。所以，在未来，它将会成为内容生产行业一道坚固的高墙，无情地淘汰不会AIGC技术的人，阻断没有AIGC经验的人进入。

1.3 主流的AI绘画工具

1. Midjourney

当下主流的AI绘画工具有Midjourney、DALL·E 3和Stable Diffusion等。在实际工作的时候，可以根据不同工具的特点来进行使用。

首先来看Midjourney（见图1.11），它是一款搭载在一个国外流行的聊天软件Discord上的AI绘画产品，并且在不断推出新功能，目前无法本地部署。

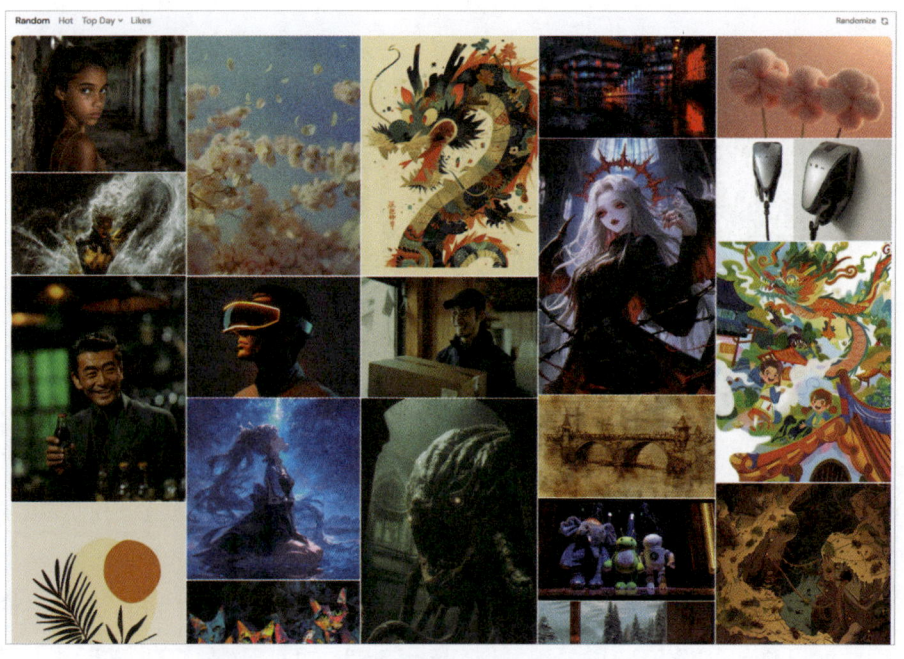

图1.11

Midjourney的特点是可以使用非常简单的操作，比如填上关键词和选择一些选项，就能得到效果惊艳的作品。而且，官方有一个画廊，用户成为会员后可以直接看到其他用户生成图片的提示词，从而进行图片风格的复刻（见图1.12）。

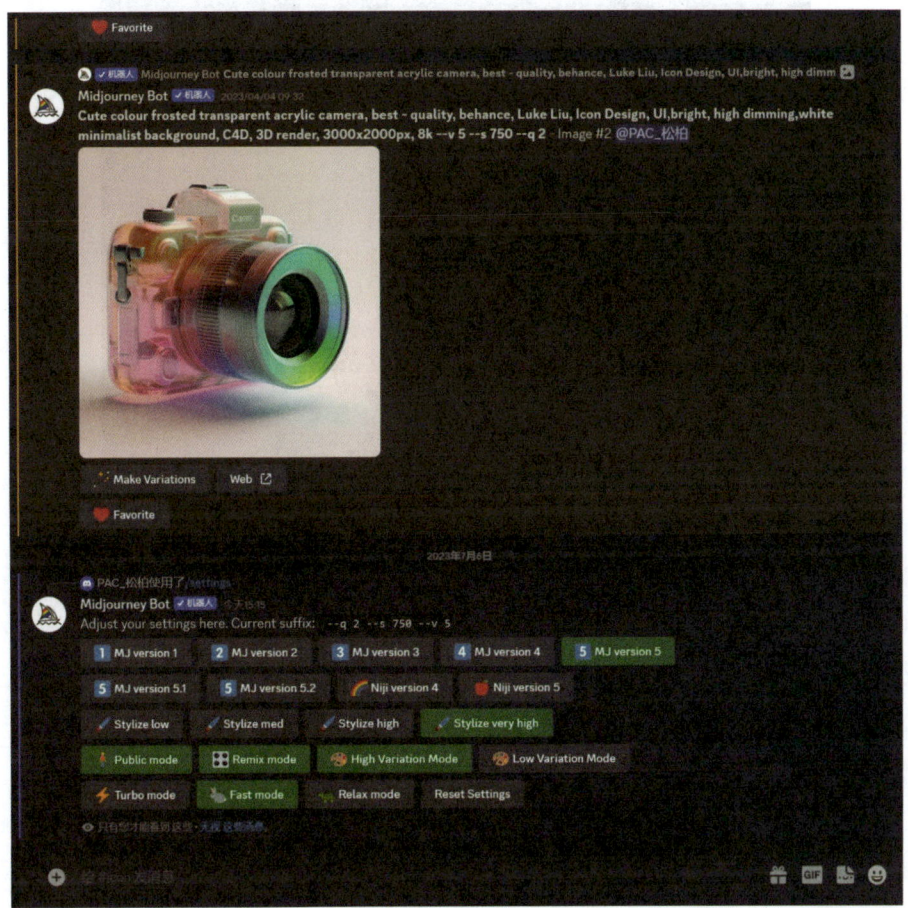

图1.12

用户使用Midjourney，可以通过选择不同的模型来生成不同风格的图片，也可以选择不同的出图质量和出图速度。但是整体来看它的图片风格非常少，而且收费高昂。目前Midjourney的收费模式有很多种，从10美元/月到120美元/月不等，区别是每月生成图片的数量，以及能否对生成的作品保密（不被其他用户看见）。但是无论其他用户能不能看到你生成的图片，都必须在云端生成图片，这就不符合商业用途中的保密规则了。

2. DALL·E 3

DALL·E 3（见图1.13）是ChatGPT的母母公司OpenAI推出的一款重要的AI绘画产品，它可以根据用户给出的自然语言描述生成高质量、高度相关的图像。

DALL·E 3基于对先进深度学习模型的应用，特别是Transformer和大规模数据的预训练。这些技术的结合使DALL·E 3不仅能准确理解用户输入的几乎任何提示词，还能将这些描述充分体现在画面上。与前几代产品相比，DALL·E 3在图像的细节处理、色彩的丰富性及风格的多样性方面都有显著提升，但是在画面的美感上还达不到Midjourney的高度。

图1.13

这款产品已经被集成到了ChatGPT中,因此只要开通了ChatGPT的会员,就能免费使用。正因为我们可以在ChatGPT中使用,所以可以结合ChatGPT的语言对话功能来完成非常有趣的工作。比如,可以先让ChatGPT写一段绘本故事,然后让DALL·E 3根据它写的故事创作精美的插图作品,所以DALL·E 3的可玩性要更高一些。

3. Stable Diffusion

前文已经对Stable Diffusion做过一些介绍,它免费、风格多样、生态丰富且用户量大,是最推荐的一种AI绘画方式,本书也使用Stable Diffusion来进行教学。下一章,我们来学习Stable Diffusion软件中运用到的技术原理,从底层了解AI绘画的运行逻辑。

第2章

stable-diffusion 背后的基本原理

2.1 你学的是内功还是招式？

stable-diffusion是一种人工智能深度学习模型，也是本书用来进行人工智能绘画的主要工具，本节会深入浅出地探讨stable-diffusion是如何工作的。这部分内容看起来枯燥乏味，那我们为什么还要单独来介绍呢？一是因为它本身就是能够运用到各个内容领域的世界前沿技术，二是因为学习底层运作机制其实是在训练你的内功，这将使你成为更好的内容创作者。前文提到stable-diffusion有丰富的参数选项和插件生态，我们可以用Segment Anything来对图片进行蒙版制作，也可以通过不同的采样方法来增强画质，这些操作往往会让初学者感到眼花缭乱，难以掌握。究其原因——你学会的都是招数，并没有掌握技术底层原理的内功。

笔者小时候看金庸先生的《天龙八部》，对里面的一个情节至今都记忆犹新。吐蕃国的护国法王鸠摩智去少林寺挑战，以同样的少林寺七十二绝技让各个高僧吃尽苦头，和尚们都很惊讶：他怎么会少林寺的武？只有一边的小和尚虚竹看出来了，这哪里是少林寺七十二绝技，而是小无相神功。这就是招式与内功的区别，学会了内功，再眼花缭乱的招式也能应对从容。

回到stable-diffusion，各种参数、插件看似繁杂，但若究其根本，无非是由扩散算法、潜在空间、CLIP、生成条件、变分自编码器等几个部分组成，所有的生成过程及外延扩展都是围绕这几个点展开的。只要明白它们的运行逻辑，就相当于掌握了AI绘画的内功，在此基础上去学习一些招数，定会无往不利。

2.2 stable-diffusion的基本技术原理

stable-diffusion属于一类被称为"潜在扩散（Latent Diffusion）"的深度学习模型（见图2.1）。使用潜在扩散模型生成图像，首先会从一个潜在空间（Latent Space）中生成随机潜在空间矩阵（Random Latent Space Matrix）。这个潜在空间矩阵中的潜在向量（Latent Vector），表示生成图像的特征和属性。

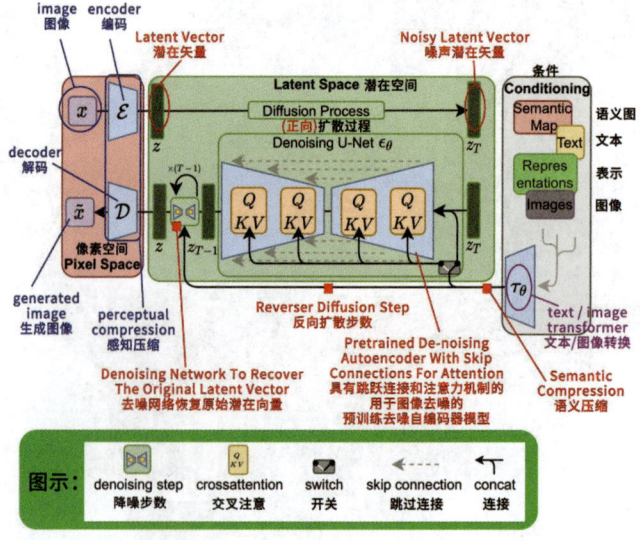

图2.1

接着通过随机潜在空间矩阵生成一张初始的图像，这张图像可能是随机噪声图像，还不具有明确的特征。再使用U-Net进行图像的生成，其间通过噪声预测器（Noise Predictor）不断评估生成图像的质量，并指导扩散步骤中噪声的添加和控制。图像会经历多个迭代的扩散步骤，每个扩散步骤都会对图像进行微小的调整和改进，这些调整可以是从噪声向图像特征的过渡，或是从模糊到清晰的过渡，以逐步生成高质量的图像。在扩散过程中，还可以通过控制扩散参数来调整图像的生成效果。经过多个扩散步骤后，通过变分自编码器（Variational Auto-Encoder，VAE）将图像从潜在空间中恢复，最终得到一张图像。

怎么样，以上内容是不是让你有些头晕呢？没关系，接下来我们会针对每一个技术点做通俗化解读。

1. CLIP

前文提到过，我们可以使用提示词，也就是文字，来生成图片，可是你有没有想过AI为什么能够识别我们的文字，并且返回和文字相匹配的图片呢？这就要从CLIP（Contrastive Language-Image Pretraining）讲起了。

CLIP是由OpenAI公司开发的一种用于图像和文本之间联合学习的模型，通过同时训练图像和文本的编码器，使图像和对应的描述性文本在嵌入空间中相互靠近。这样，CLIP模型可以将图像和文本映射到同一嵌入空间中，并通过计算嵌入向量之间的相似性，实现图像和文本的联合理解和匹配。

简言之，CLIP可以让AI读懂并理解你的文字，具体过程是借助分词器（Tokenizer）来完成的。

在CLIP中，分词器是将自然语言文本转换为模型可以理解的数字形式的组件。分词器的工作原理是将输入文本拆分成单个的单词或子词，并为每个单词或子词分配一个唯一的标识符（token）。这样可以将文本转换为数字序列，以便输入神经网络模型进行处理。

（1）分词：分词器将输入文本进行分词处理，将长句子或段落拆分成单个的单词或子词，比如将"a cute girl"这个短句拆分为"a、cute、girl"（见图2.2）。这个过程可以使用不同的分词算法，如基于空格的简单分词、基于规则的分词、基于统计的分词等。分词的目的是将文本拆分成离散的单位，方便后续处理和表示。

（2）标记化：分词器为每个单词或子词分配一个唯一的标识符，这个标识符可以是一个整数或是一个独特的字符串（见图2.3）。标记化的目的是将文本转换为模型可以理解的数字表示形式，以便进行后续的计算和处理。

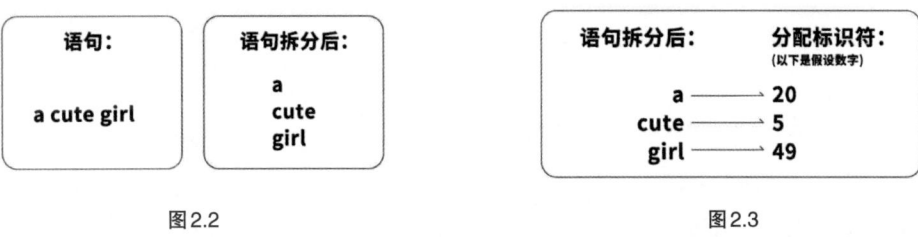

图2.2　　　　　　　　　　　　　　图2.3

我们所使用的stable-diffusion就是这样，通过这些转化后的数字来理解我们的提示词文本，并在潜在空间中生成与文本内容相匹配的图片。

2. 潜在空间

让我们先来看一组名词：潜在扩散、随机潜在空间矩阵、潜在向量……这些名词里面为什么都有"潜在"两个字呢？这就要从潜在空间与像素空间（Pixel Space）讲起了。

像素空间是指用数字表示图像的形式，这种数字的形式才能让计算机理解图像，所以通常用于图像处理和计算机视觉领域。我们都知道图片是由众多像素点组成的，每个像素点代表了图像中的一个小区域，它具有特定的数字信息，比如像素值、位置和色彩（见图2.4）等。所以，将图片上每一个像素的信息记录下来的二维图表，是可以成功还原原始图片的。

像素空间的图片，通常维度过大。一张1080像素×1920像素的图片可以看作一个有1080×1920×3（三原色）= 6,220,800维的数据。计算机在处理这种图片的时候，会使用相当大的算力来进行运算。尤其是人工智能领域，通常需要连续对多张图片进行运算，这将消耗更加巨大的算力，而这通常不是个人的设备能够支持的。

因此，CompVis的工程师提出：可以将图片映射到潜在空间，在潜在空间里进行运算和学习。

什么是"潜在空间"呢？举个例子：每一个地区都有一个6位数的邮政编码，比如"029874"（数字为杜撰），前两位数字"02"表示省（自治区、直辖市）；第三位数字"9"表示邮区；第四位数字"8"表示县（市）；最后两位数字"74"表示投递局（所）。把这些信息放到坐标轴中，形成的空间就是"地域潜在空间"，如图2.5所示。

图2.4

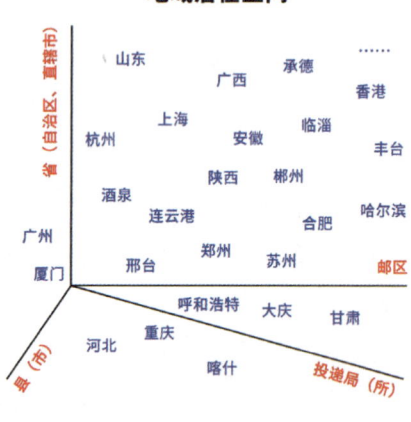

图2.5

在这个四维坐标轴空间上接近的地域，它们的气候、经济发展或其他状态可能会具有相同的特征。

所以，潜在空间是指一种抽象的、低维度的向量空间，其中每个向量代表着一个潜在特征或属性。这些特征或属性可以控制模型生成的图像或其他类型数据的各个方面，如颜色、形状、纹理等。

潜在空间的设计是由生成模型的架构决定的。通常情况下，潜在空间可以包含数百个甚至数千个维度。每个维度对应着不同的特征或属性，如颜色、纹理、形状等。通过在潜在空间中采样不同的潜在向量，可以探索不同的图像特征组合和风格。

同时，这个潜在空间的维度将会远远小于图片所在的像素空间的维度。所以，我们对潜在空间里的图片进行运算的时候，所需要的算力没有那么高，这样才能在自己的设备上运行。

回到stable-diffusion，我们在使用它进行图片生成的时候，算法会根据文本转化后的数字在图片潜在空间中进行特征或属性的匹配，通过随机潜在空间矩阵进行图像生成。

3. 随机潜在空间矩阵

潜在空间是一个潜在向量空间，潜在空间采样是指从这个向量空间中随机选择一个潜在向量作为生成图像的起点。其中每个潜在向量都表示了生成图像的潜在特征和属性。通过对潜在向量进行操作和调整，可以生成具有不同特征的新图像。

这一段可能难以理解，不过我们可以将潜在空间想象成一个超级大的衣柜（见图2.6），衣柜里面是按照不同属性分类整理好的各种衣服。比如，皮草是一类，裙子是一类；同时粉色是一类，黑色是一类；或长袖是一类，短袖是一类……总之每一类都代表了一个属性，这些属性就是潜在向量。潜在空间采样就像是你在衣柜里面拿起一件礼服，正在镜子前比画，看是否匹配你的气质。

图2.6

随机潜在空间矩阵就是一组随机潜在向量。在扩散算法的生成过程中，会利用逐步扩散的噪声来生成图像，而随机潜在向量的作用是引导噪声传播和图像生成的过程。通过改变随机潜在空间矩阵的值或结构，可以实现对生成图像的控制，例如改变图像的内容、形态、色彩和纹理等特征。

通过随机潜在空间矩阵，我们会得到一张初始的图像，它可能是随机噪声图像（见图2.7），还不具有明确的特征。这时候需要通过U-Net进行高质量的图像生成。

4. U-Net

在潜在扩散算法中，U-Net是一种用于图像分割和生成任务的深度学习网络结构，由编码器和解码器组成，用于实现图像的高质量生成和重建。

图2.7

具体而言，U-Net的编码器通过多个卷积层和池化层逐步提取输入图像的特征并进行抽象化处理，在缩减图像空间尺寸的同时增加通道数，以捕捉高级语义信息。编码器由此将输入转换为抽象特征表示。随后，解码器利用这些特征，通过上采样和转置卷积（反卷积）操作逐步恢复图像的尺寸和细节。在此过程中，解码器将编码器输出的抽象特征与同尺度跳跃连接的特征进行拼接，经卷积层处理，最终输出与原始输入图像相似的图像。

U-Net的设计使它具有跳跃连接的特点，即将编码器的特征与解码器的特征进行连接，以保留更多的细节和上下文信息。这样的结构可以帮助提升生成图像的质量，减少信息损失。

前面我们形容潜在空间采样就像是在超级大的衣柜里拿出衣服，那么U-Net就像是一个高级裁缝，它会根据你挑选的衣服的款式、材质，为你在图纸上设计出一套真正高质量的、符合你心意的服装。但即使是高级裁缝，也必须有好的观众或评论家去对裁剪的服装进行评判，这样才能激励高级裁缝，让最后的产品符合需求。这个评论家就是噪声预测器。

5. 噪声预测器

噪声预测器（Noise Predictor）就像是一位孜孜不倦的评论家，用来评估生成图像的质量，并指导扩散过程中噪声的添加和控制。它能够学习和理解图像中的噪声特征，并通过监测噪声预测器的输出，来调整噪声的参数和扩散的步骤，以最大限度地减少生成图像中的噪声，并提升图像的质量和真实感。这个调整（见图2.8）可能会经历多次，直到生成满意的图片。

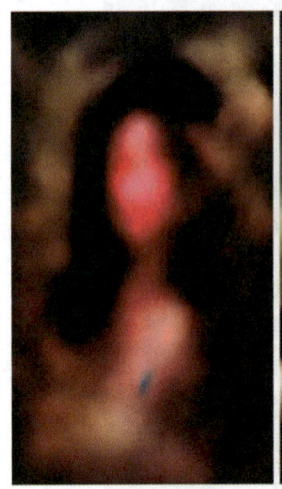

图2.8

6. VAE

通过以上操作，我们已经得到了一张很不错的图片，只不过这张图片还只存在于潜在空间中。沿用服装的例子，U-Net是一位高级裁缝，它根据你的选择，为你生成了一张质量很高的服装图纸。但你的目的是让服装图纸变成真正的服装，这就像在扩散算法中，需要把图片从潜空间还原成一张真实的图片，所以我们需要使用VAE。

VAE的目标是学习输入数据（比如图片）的潜在分布，并从潜在分布中生成新的数据。VAE可以对输入的数据进行解码和重构，所以它主要由两部分组成："编码器（Encoder）"和"解码器（Decoder）"。

编码器将图像压缩为潜在空间中的低维表示，解码器从潜在空间中恢复图像。

那么，使用VAE将一张图片从像素空间压缩到低维的潜在空间（理论上会被压缩48倍），会不会丢失过多的图片信息呢？答案是"不会"。因为潜在空间里本身就包含图片信息的特征和结构，就像自然中的画面，它们是具有很强的规律性的，比如面部的眼睛、鼻子和嘴巴之间遵循着"三庭五眼"的关系，鸡有两条腿等。所以，VAE可以用更少的信息去复现或重建图片。

VAE技术因其能够生成连续并且可控的向量，所以除了会用在图片生成领域，还会用在语音合成、数据压缩等其他领域。

2.3 更底层的技术

以上我们讲解了诸多技术——潜在空间、扩散算法等，它们就像宏伟的建筑，装点着美丽的城市，但是就像建筑没有地基就很容易倒塌一样，这些技术还需要靠更加基础的技术进行支持，才能运行起来。以下是一些和人工智能相关的语言或技术框架，这一部分不需要精通，但是需要了解。

1. Python

绝大多数人工智能领域的代码都是用Python语言写的（见图2.9）。它是一种高级的、解释型的、通用的编程语言，具有简洁、易读和简单的语法结构。它由Guido van Rossum于1991年发布，并且以其易学性、可读性和灵活性而受到广泛欢迎。

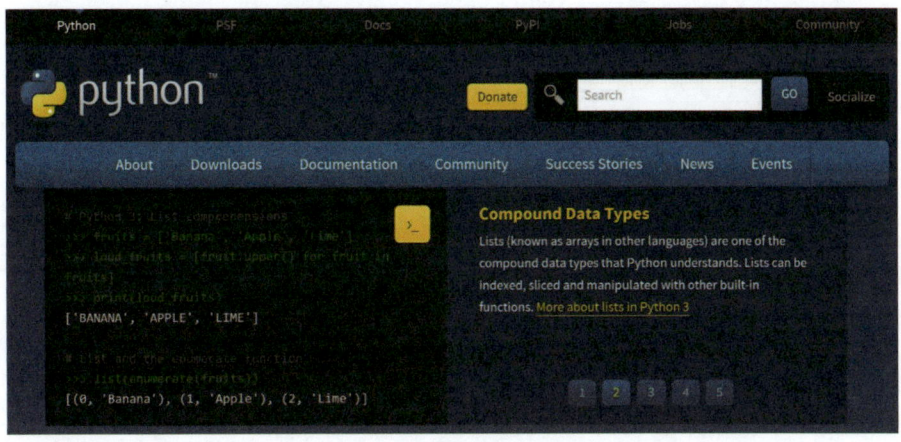

图2.9

Python的设计目标是提供一种简洁而强大的编程语言，使开发者能够以更少的代码表达复杂的概念。它支持面向对象编程、函数式编程和结构化编程等多种编程范式，适用于各种应用领域，包括Web开发、数据分析、人工智能、科学计算等。

Python的语法简洁清晰，易于理解和学习。它使用缩进来表示代码块，提倡编写可读性强的代码。除此之外，它采用简单的英语单词和常见的数学符号作为关键字和操作符，使代码更加直观和易懂。Python还提供了许多内置的功能和库，支持文件操作、网络编程、多线程、数据库连接等常用功能，这使开发任务变得更加简单和高效。

另外，庞大的生态系统也是这门语言的优势之一，有许多优秀的库和框架可供使用。比如在人工智能深度学习领域，TensorFlow和PyTorch都是使用Python语言编写的。更重要的是，Python是一种跨平台的语言，可以在多个操作系统上运行，包括Windows、macOS和Linux，这使开发者可以在不同的环境中使用相同的代码。

2. PyTorch

在深度学习领域，PyTorch是一个开源的机器学习框架，它提供了丰富的工具和接口，用于构建和训练神经网络模型。PyTorch（见图2.10）是由Facebook的研究团队于2016年推出的，目前得到了广泛的应用和社区支持。

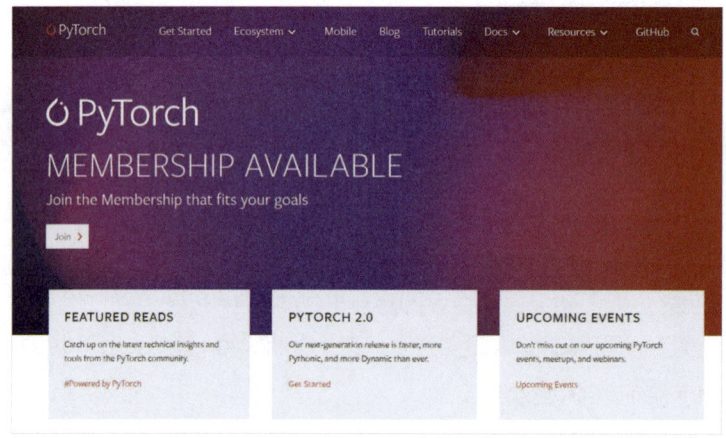

图2.10

PyTorch的核心是一个强大的张量计算库，它提供了高效的数值计算功能和GPU加速支持。PyTorch中的张量对象类似于Numpy中的数组，但具有更强大的计算能力和自动求导功能，这使PyTorch成了实现各种深度学习模型的理想工具。

PyTorch的设计理念是简洁、灵活和易于使用。它提供了直观的API和丰富的预定义模块，包括各种常用的神经网络层、损失函数、优化器等，方便用户构建和定制自己的模型。同时，PyTorch也支持动态图模式，使模型的构建和调试更加灵活和直观。

除了模型构建和训练的功能，PyTorch还提供了丰富的工具和库，用于进行数据处理、可视化、分布式训练等。它与Python语言紧密集成，可以方便地与其他Python库进行交互和扩展。

总之，PyTorch是一个功能强大、易于使用的深度学习框架，它提供了丰富的工具和接口，使深度学习模型的构建、训练和部署变得更加高效和便捷。它在学术界和工业界都得到了广泛的应用，成为深度学习研究和实践的重要工具之一。

3. Gradio

Gradio（见图2.11）是一个开源的Python库，用于快速构建、共享和部署交互式机器学习和深度学习模型的用户界面，其设计目标是使模型的部署变得更加简单和直观。它提供了一个用户友好的界面，包括输入控件（如文本框、滑块、下拉菜单等）和输出组件（如图像显示、文本显示等），开发者通过简单的代码即可定义模型的输入和输出。Gradio支持多种数据类型的输入和输出，包括图像、文本、音频等。

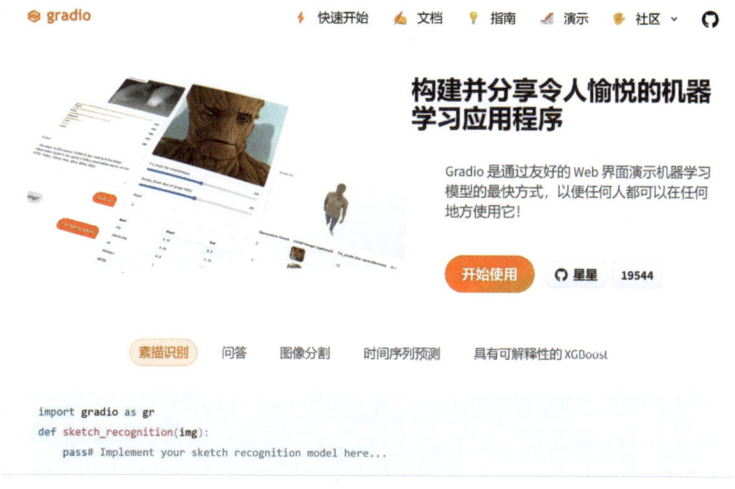

图 2.11

Gradio 还支持与 Flask 等 Web 框架集成，以便将模型部署为 Web 应用程序，供其他用户访问和使用。

Gradio 提供的多种输出组件能够实时显示模型的预测结果，可以直观地展示模型的输出结果，例如图像显示、文本显示等，所以用户可以即时查看模型对输入数据的响应。另外，Gradio 还支持多种输入控件，用户可以以不同的方式与模型进行交互，例如通过文本输入、图像上传等。

总的来说，Gradio 是一个方便快捷的工具，使机器学习和深度学习模型的部署变得更加简单和可视化。我们使用的 SD webUI 的交互页面就是通过 Gradio 搭建的。

4. xFormers

xFormers（见图 2.12）是一个用于构建和训练自然语言处理（Natural Language Processing，NLP）任务的深度学习模型的开源库。它基于 Transformer 模型，并提供了一系列优化和增强，旨在改进模型在 NLP 任务中的性能和效率。Transformer 是一种非常成功的神经网络架构，特别是在机器翻译和自然语言理解任务中表现出色。它使用自注意力机制（Self-Attention）来捕捉输入序列中的全局依赖关系，能够更好地处理长距离依赖和上下文信息。

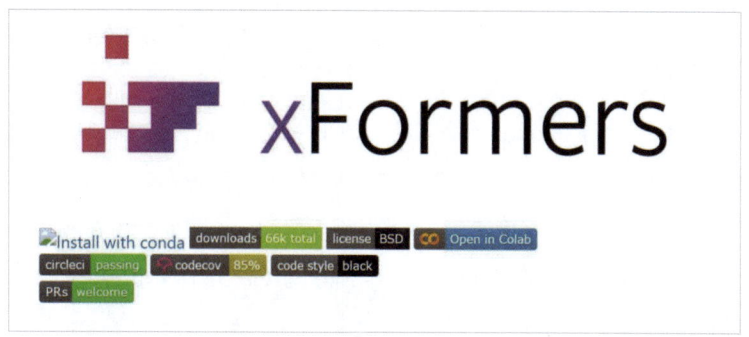

图 2.12

然而，Transformer 模型在处理大规模数据和复杂任务时可能会遇到一些挑战，例如计算效率低和内存消耗高，而这也是 xFormers 希望解决的问题。xFormers 提供了一些增强功能，比如，通过底层计算优化实现包括并行计算、稀疏注意力机制和低内存消耗等技术，以提高模型在 NLP 任务中的训练和推理效率。此外，xFormers还提供了丰富的扩展功能集，如模块化组件、模型剪枝和压缩技术，以及可视化和解释性工具，以便更好地理解和分析模型的行为和性能。

xFormers的目标是提供一个强大、高效且易于使用的库，以帮助开发者构建和训练高性能的NLP模型。它为研究人员和从业者提供了一个灵活的平台，可以快速迭代和改进模型，并在各种NLP任务中取得优异的结果。我们所使用的SD webUI离不开xFormers的支持。

5. Transformer

Transformer是一种广泛应用于自然语言处理任务的深度学习模型架构。它在2017年由Vaswani等人提出，并在机器翻译任务中取得了重大突破。Transformer的设计目标是解决传统循环神经网络（Recurrent Neural Network，RNN）在处理长距离依赖和上下文信息时的局限性。

传统的RNN模型在处理长序列时，由于信息在每个时间步传递时会发生衰减，导致难以捕捉长距离的依赖关系。而Transformer模型采用了一种全新的架构，通过引入自注意力机制来处理序列中的依赖关系，从而能够更好地捕捉全局信息。

Transformer模型的核心思想是使用自注意力机制来计算输入序列中各个位置之间的注意力权重，然后将这些注意力权重应用于序列中的每个位置，以获得更好的表示。自注意力机制使模型能够同时关注输入序列中的所有位置，而不受距离的限制，从而能够更好地捕捉序列中的上下文信息和语义关系。

在stable-diffusion中，Transformer的编码器层起着关键作用。它负责提取图像的语义信息，并将其表示为潜在空间向量。Transformer模型中的自注意力机制帮助模型捕捉图像中的全局依赖关系和上下文信息，以生成更具语义一致性的潜在向量表示。

这些潜在空间向量在stable-diffusion中用于操纵图像的特征，如改变图像的外观、风格、细节等。通过对潜在空间向量进行插值、修改或组合，可以生成不同风格和富有变化的图像。

2.4 为什么GPU更适合进行AI绘画？

训练人工智能模型是一项计算密集型任务，它需要大量的计算资源和高效的处理能力。在这方面，GPU（Graphics Processing Unit，图形处理器，也称为显卡）发挥了至关重要的作用。

1. GPU的重要性

相比于中央处理器（Central Processing Unit，CPU），GPU具有并行计算的优势：它拥有更多的核心和线程，能够同时执行多个计算任务。这对于训练人工智能模型来说非常重要，因为深度学习模型中的许多计算操作可以进行并行化处理。例如，在卷积神经网络（Convolutional Neural Network，CNN）中，对于每个输入图像的像素，都可以同时进行多个卷积操作。GPU的并行计算能力使训练过程更加高效，并能够处理更大规模的数据集。

在人工智能模型中，矩阵运算是非常常见的操作。GPU具有高效的矩阵运算能力，它能通过优化硬件架构和专门的矩阵计算库（如CUDA、OpenCL）等，可以快速执行这些矩阵运算操作。与此相比，CPU在处理矩阵运算时效率较低，因为它更适用于处理通用的计算任务。GPU的高效矩阵运算能力使人工智能模型的训练过程更加迅速。

更重要的是，GPU还具有一些专门针对深度学习任务的优化功能。例如，GPU支持浮点数计算的快速运算，这对于深度学习中的大量浮点数运算是至关重要的。另外，一些GPU还提供了深度学习框架的加速库，如英伟达（NVIDIA）的CUDA和cuDNN，这些库提供了高度优化的函数和操作，能够加速深度学习模型的训练过程。

就目前来看，英伟达的GPU（见图2.13）是人工智能领域的首选。它的GPU在性能方面表现出色，具备强大的并行计算能力和高度优化的架构，能够处理复杂的计算任务。这对于人工智能训练来说非常重要，因为深度学习模型通常需要大量的计算资源来训练。不仅如此，英伟达的GPU还拥有广泛的生态系统支持。它们与流行的深度学习框架（如TensorFlow和PyTorch等）紧密集成，提供了丰富的工具和库，使开发人员能够轻松地构建、训练和部署人工智能模型。此外，英伟达还提供开发者社区和文档资源，并与合作伙伴共同推动人工智能领域的发展。

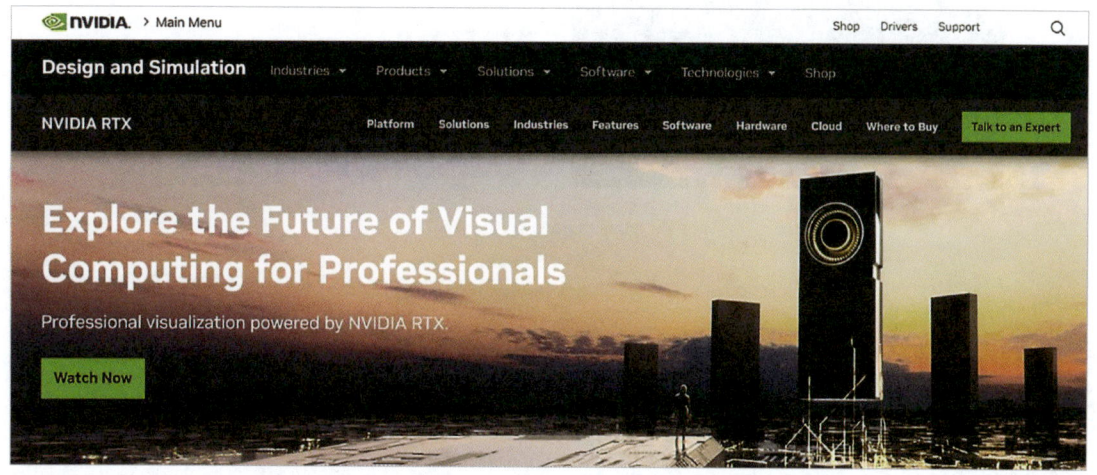

图2.13

英伟达的GPU还具备出色的内存管理能力。人工智能模型通常需要大量的内存来存储和处理数据，特别是在处理大规模的图像和文本数据时。英伟达的GPU提供了大容量的显存，并通过高效的内存管理技术，如CUDA和Tensor Cores，优化了内存使用和传输速度，这使训练大规模的人工智能模型变得更加可行和高效。

此外，英伟达的GPU在深度学习领域积累了丰富的经验和应用案例。众多的研究机构、大学和企业都选择使用英伟达的GPU来进行人工智能研究和应用开发，这种广泛的应用使英伟达的GPU成为人工智能社区的标准选择，也为用户提供了更多的资源和支持。

回到stable-diffusion上来，如果你拥有一块30系以上，显存大于8GB的英伟达显卡，你将会获得良好的AI绘画体验。但是如果你没有或暂时没有条件升级显卡，那也没关系，本书会教你如何在云端布置stable-diffusion，让你无视任何硬件条件，即可开展AI绘画之旅。

2. 什么是CUDA？

CUDA是一种并行计算平台和编程模型，由英伟达开发（见图2.14），它是为了利用GPU的强大计算能力而设计的。

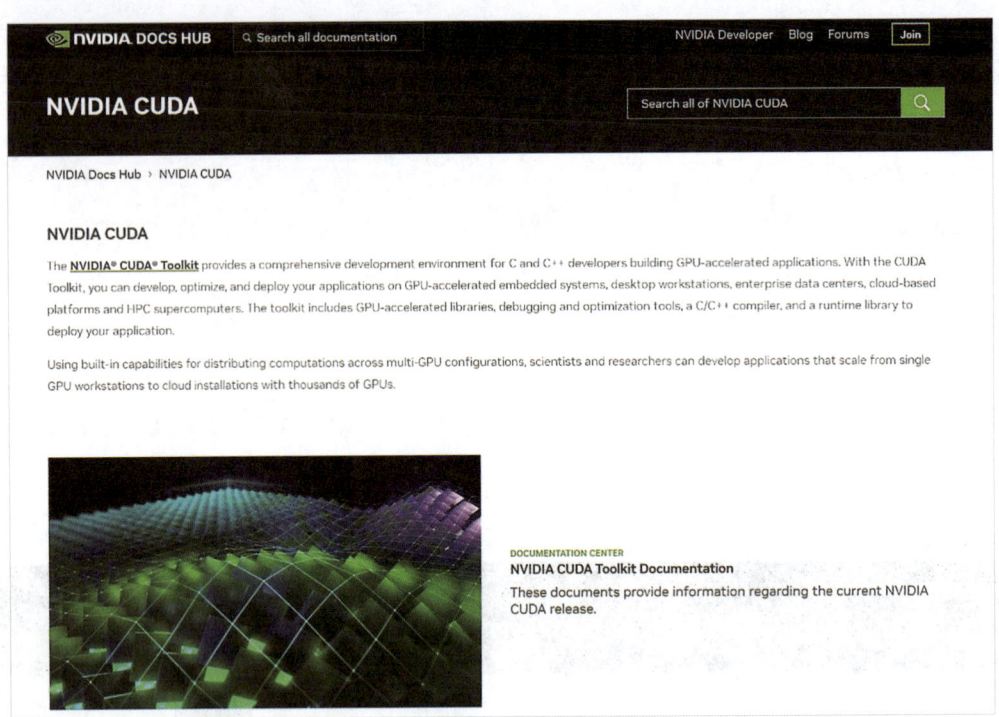

图2.14

　　GPU最初是为了处理图形和图像的渲染工作而设计的，因为这些任务涉及大量的并行计算。随着时间的推移，人们发现GPU在其他计算密集型任务中也能发挥出色的性能，而CUDA就是利用GPU进行并行计算的编程模型。

　　CUDA具备几个关键概念，首先是GPU的核心。GPU由大量的处理单元组成，这些处理单元可以同时执行多个计算任务。CUDA利用这种并行结构，将任务分配给多个处理单元同时进行计算，从而加快计算速度。

　　CUDA还提供了一套编程接口和工具，使开发人员能够利用GPU进行并行计算。使用CUDA，你可以使用一种类似于C或C++的编程语言编写GPU程序，称为CUDA C。这让开发人员能够利用GPU的并行计算能力，编写高性能的并行计算应用程序。

　　CUDA核函数可以在GPU上并行执行。核函数定义了要在GPU上执行的计算任务，并通过并行计算单元进行处理。通过使用核函数，你可以将计算任务划分为许多小的计算单元，使GPU能够以并行方式处理它们。此外，CUDA还提供了内存管理功能。在GPU计算中，数据的传输和存储是非常重要的，CUDA提供了不同类型的内存功能，包括全局内存、共享内存和常量内存，以满足不同的数据访问需求。开发人员可以使用CUDA的内存管理功能，有效地在GPU和主机之间传输数据，并优化数据访问的性能。

　　最后，CUDA有一个重要的概念，那就是线程块和网格。线程块是一组并行执行的线程，而网格则是包含多个线程块的组合。通过合理地组织线程块和网格的结构，你可以更好地利用GPU的并行计算能力，提高计算效率。

3. 什么是cuDNN？

　　cuDNN（见图2.15）是CUDA深度神经网络库的简称，由英伟达开发。

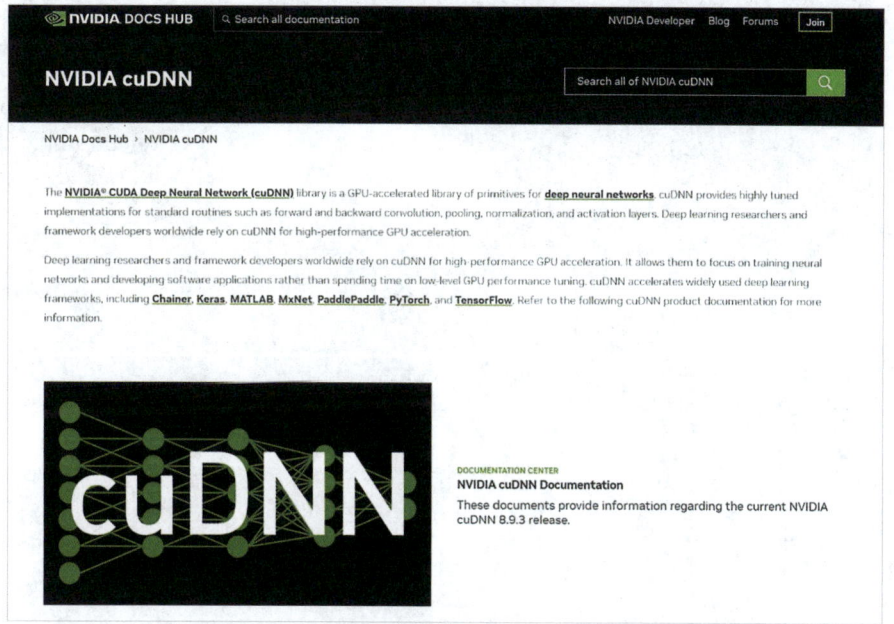

图2.15

深度学习是人工智能的重要技术，通过模拟人脑神经网络结构，利用海量训练数据和多层网络架构实现复杂模式识别与特征提取。在深度学习中，神经网络模型通常由许多层组成，包括卷积层、池化层、全连接层等，其核心计算依赖高效的矩阵运算和卷积操作，而cuDNN就是为了满足这个需求而开发的高性能加速库。

cuDNN提供了一系列的优化函数和工具，用于加速深度学习中的常见计算任务。它利用GPU的并行计算能力和高速缓存来加速矩阵运算、卷积操作和其他深度学习任务。通过使用cuDNN，开发人员可以获得更高的计算性能，加大深度学习模型的训练和推理速度。

cuDNN还提供了许多高效的算法和优化技术，用于加速常见的深度学习操作。例如，它支持快速的卷积操作，包括标准卷积、转置卷积和深度可分离卷积。它还提供了高性能的矩阵运算函数，如矩阵乘法、向量操作和归一化操作。这些功能使深度学习框架可以更好地利用GPU的并行计算能力，提高计算效率。

除了加速计算任务，cuDNN还提供了一些方便的功能，如自动调整算法参数、内存管理和数据类型转换等。这些功能使开发人员能够更轻松地编写高性能的深度学习应用程序，而无须过多关注底层的实现细节。

值得一提的是，cuDNN并不是独立于其他深度学习框架的，它被广泛应用于许多流行的深度学习框架，如TensorFlow、PyTorch和MXNet等。这些框架都集成了cuDNN，并通过调用其函数来加速深度学习任务。

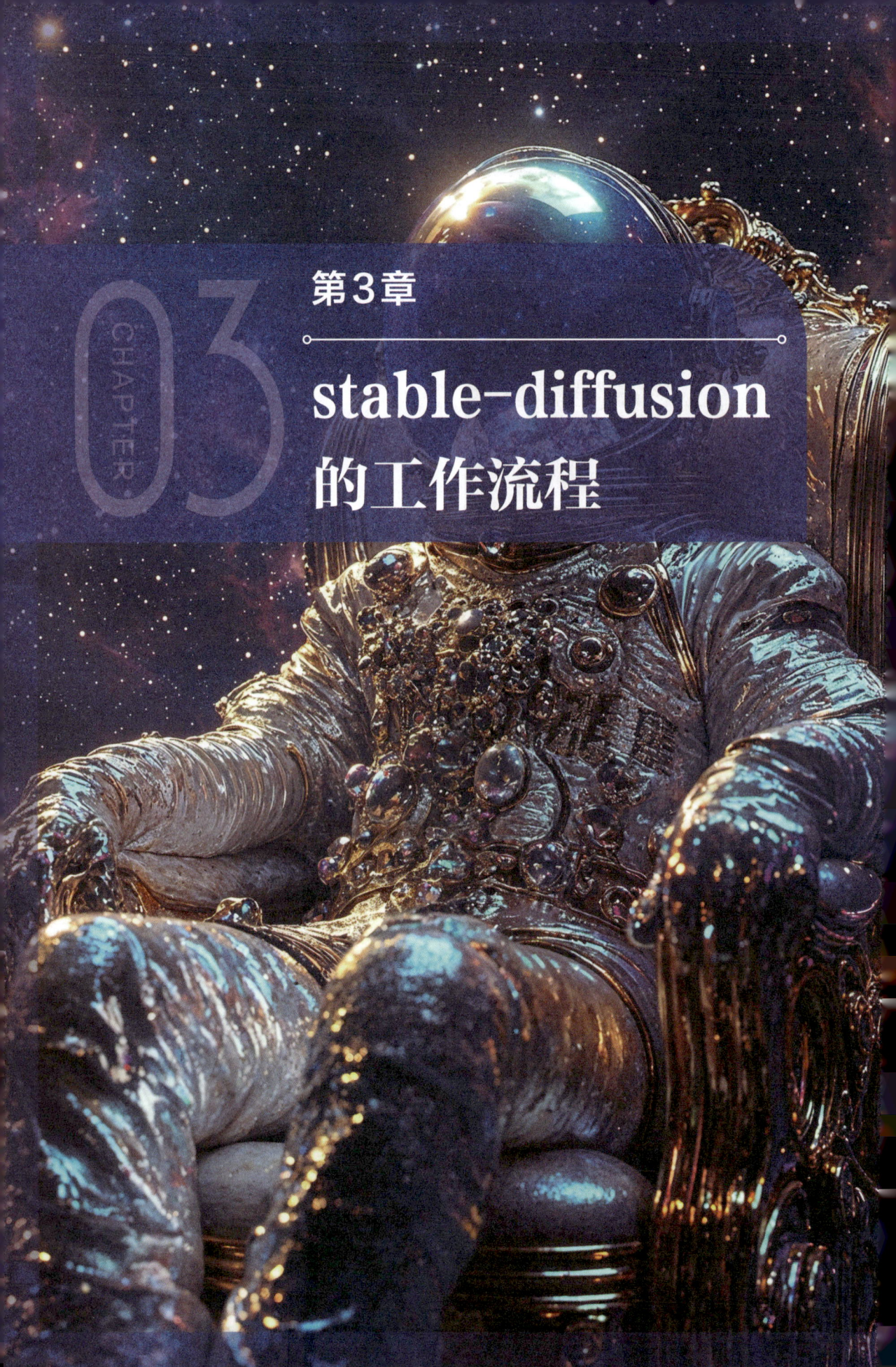

第3章

stable-diffusion 的工作流程

3.1 部署 stable-diffusion webUI

原生的stable-diffusion作为一款开源软件，有很多不同的版本。笔者推荐大家在自己本地部署stable-diffusion webUI（以下简称SD webUI），因为SD webUI既有原生的stable-diffusion的全部功能，同时又进行了很多优化，操作更加容易。

如果没有成功部署SD webUI，或者觉得部署步骤太麻烦，可以使用本书赠送的学习资料中的"启动器"进行安装！

1. 本地硬件的要求和解决方案

用stable-diffusion进行AI绘画，对GPU要求很高。至少要有英伟达1080以上级别的显卡（显存起码大于或等于6GB）支持才能运行，并且软件所在的硬盘空间不能少于30GB，推荐使用固态硬盘，因为固态硬盘读取数据快，体验会好一些。

中端的显卡推荐使用英伟达30系以上的显卡（比如3060），同时显存大于等于12GB，这样可以使用大多数插件，做更多的操作。

要想获得很好的使用体验，推荐使用英伟达3090（24GB）或直接使用40系以上显卡，同时搭配1TB的固态硬盘。

如果你目前的设备是AMD的显卡或者是苹果电脑，那也没关系，可以使用随书赠送的安装包进行安装使用，同时本书也会提供线上部署使用stable-diffusion的方法。

2. 本地部署安装SD webUI

如第2章所讲，stable-diffusion的运行需要更底层一些技术的支持，比如Python、PyTorch等，这些可以统称为软件的环境依赖。

先来到Git的官网（见图3.1），根据自己电脑的系统下载相应的Git。

建议下载"64-bit Git for Windows Setup"，如图3.2所示。

图3.1　　　　　　　　　　　图3.2

下载完成后，右击Git的安装包，选择以管理员身份运行。然后在弹出的窗口中单击"Install"按钮（见图3.3），直至安装完成。

Git安装成功后，需要来到SD webUI的GitHub主页，单击主页右下方Releases中的"1.7.0"（见图3.4）进入新页面。这里要注意，随着时间的推移，产品的版本号1.7.0可能会变成更新的版本，以自己见到的最新的版本号为准。

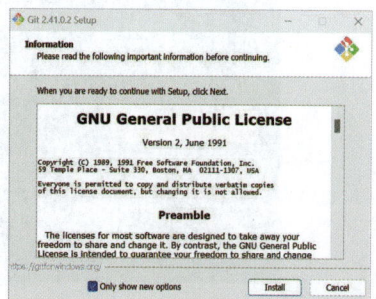

图3.3

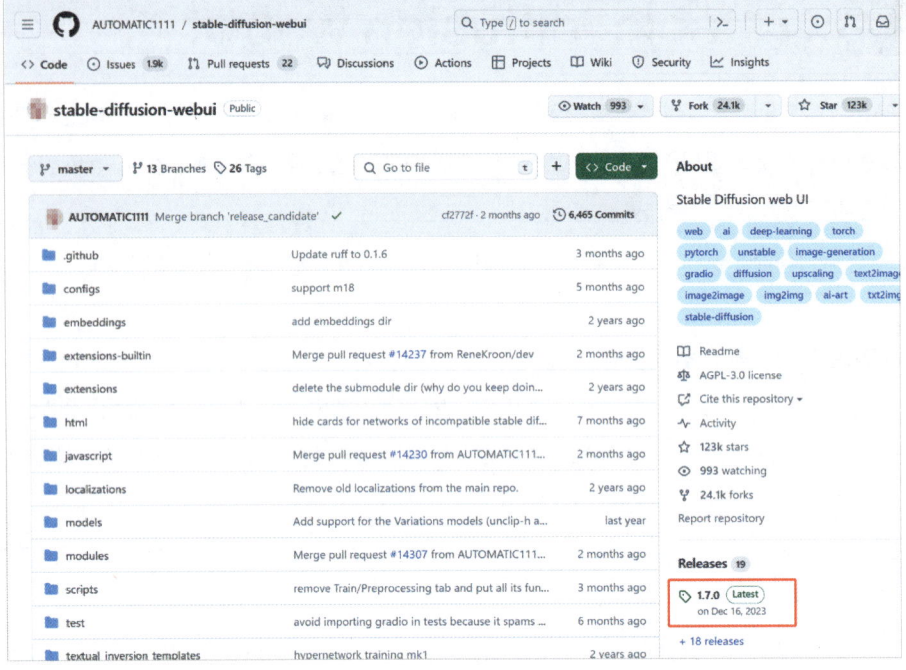

图 3.4

在新弹出的页面下方单击"Source code（zip）"（见图 3.5）进行下载，下载到本地的压缩文件会是一个类似于"stable-diffusion-webui-1.7.0"的名字，其中"1.7.0"是软件的版本号。下载完后，将这个压缩包解压在一个闲置空间大于 30GB 的磁盘内。

图 3.5

下一步是安装 Python。需要来到 Python 官网（见图 3.6），找到"Python 3.10.6"这个版本（见图 3.7），将它下载到本地。

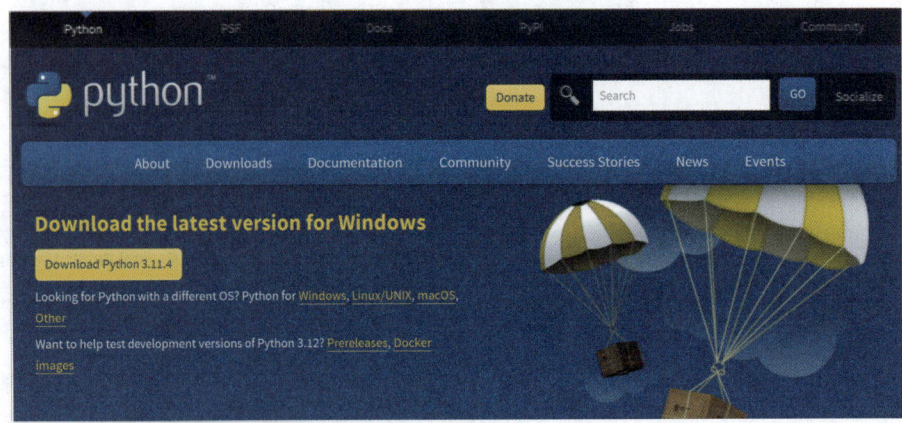

图 3.6

图 3.7

双击打开下载好的文件，记得选中"Add Python 3.10 to PATH"复选框，然后单击"Install Now"按钮（见图3.8），等待安装完成。

安装完Python后，来到Hugging Face网站，搜索"stable-diffusion-v-1-4-original"，下载这个大模型文件（见图3.9）。下载完成后，将它放到刚才下载好的"SD webUI"文件夹内，具体路径是"stable-diffusion-webui-master\models\Stable-diffusion"。这样就能顺利在SD webUI中调用这个模型生成图片了。

图 3.8

图 3.9

打开刚才下载的SD webUI文件夹，在里面找到名称为"webui.bat"的文件，右击它，然后选择"以管理员身份运行"选项。

之后会弹出控制台，并自动下载文件（见图3.10），整个过程较长，可能会持续30分钟左右，这里我们什么都不需要操作，只需要等待运行结束即可。

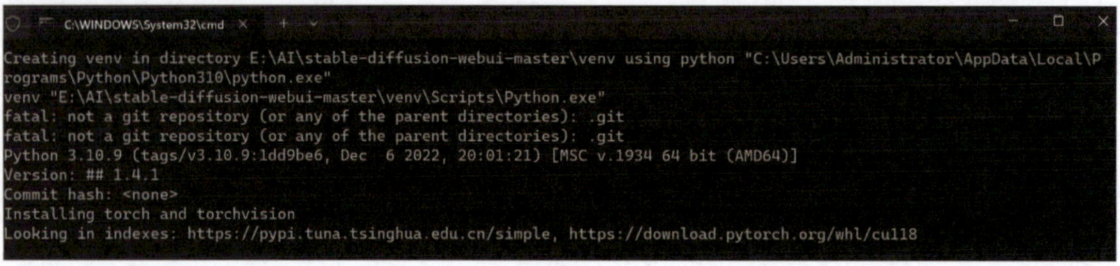

图3.10

运行结束后，控制台会出现"http://127.0.0.1:7860"字样的地址。把这串地址复制粘贴到浏览器中，按回车键就能进入SD webUI页面，在SD webUI运行期间不要把控制台关闭，否则会直接退出SD webUI软件。目前的软件页面全是英文的，需要安装一个汉化的插件。

3. 安装汉化插件

首先进入GitHub页面，搜索"stable-diffusion-webui-localization-zh_CN"。然后打开第一个搜索结果（star数量最多的那个），单击"Code"按钮，复制链接，如图3.11所示。

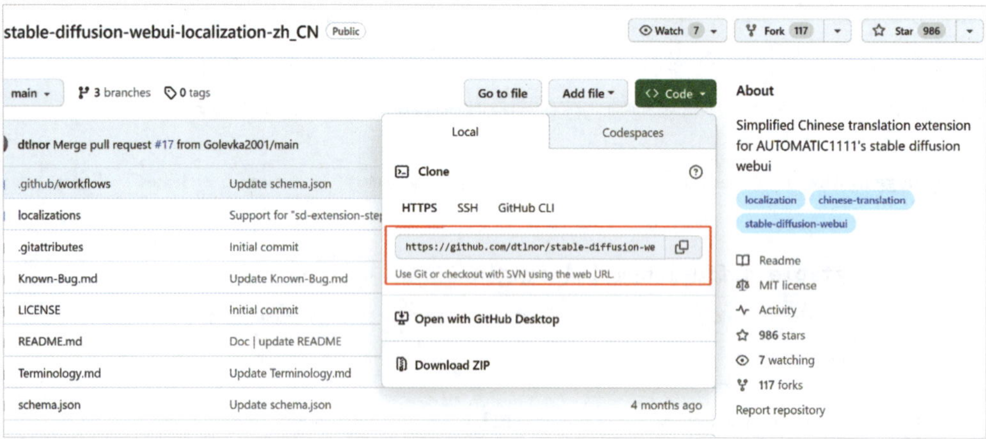

图3.11

在SD webUI页面的顶部导航栏选择扩展（Extensions），在扩展页面内，选择"Install from URL"选项卡（见图3.12），然后将网址复制到下方的"URL for extension's git repository"中，复制好后，单击下方的"Install"按钮。

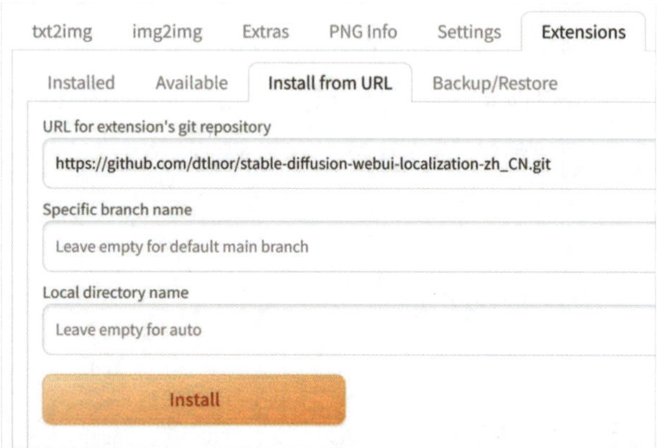

稍等一段时间，直到显示出"Installed into … Use Installed tab to restart."字样后，关掉控制台，重新启动SD webUI，就可以看到页面已经变成中文了。

图3.12

整个SD webUI的页面虽然复杂，但是总共可以分为5个区域（见图3.13），分别是模型选择区、提示词区、参数区、插件脚本区和出图区。

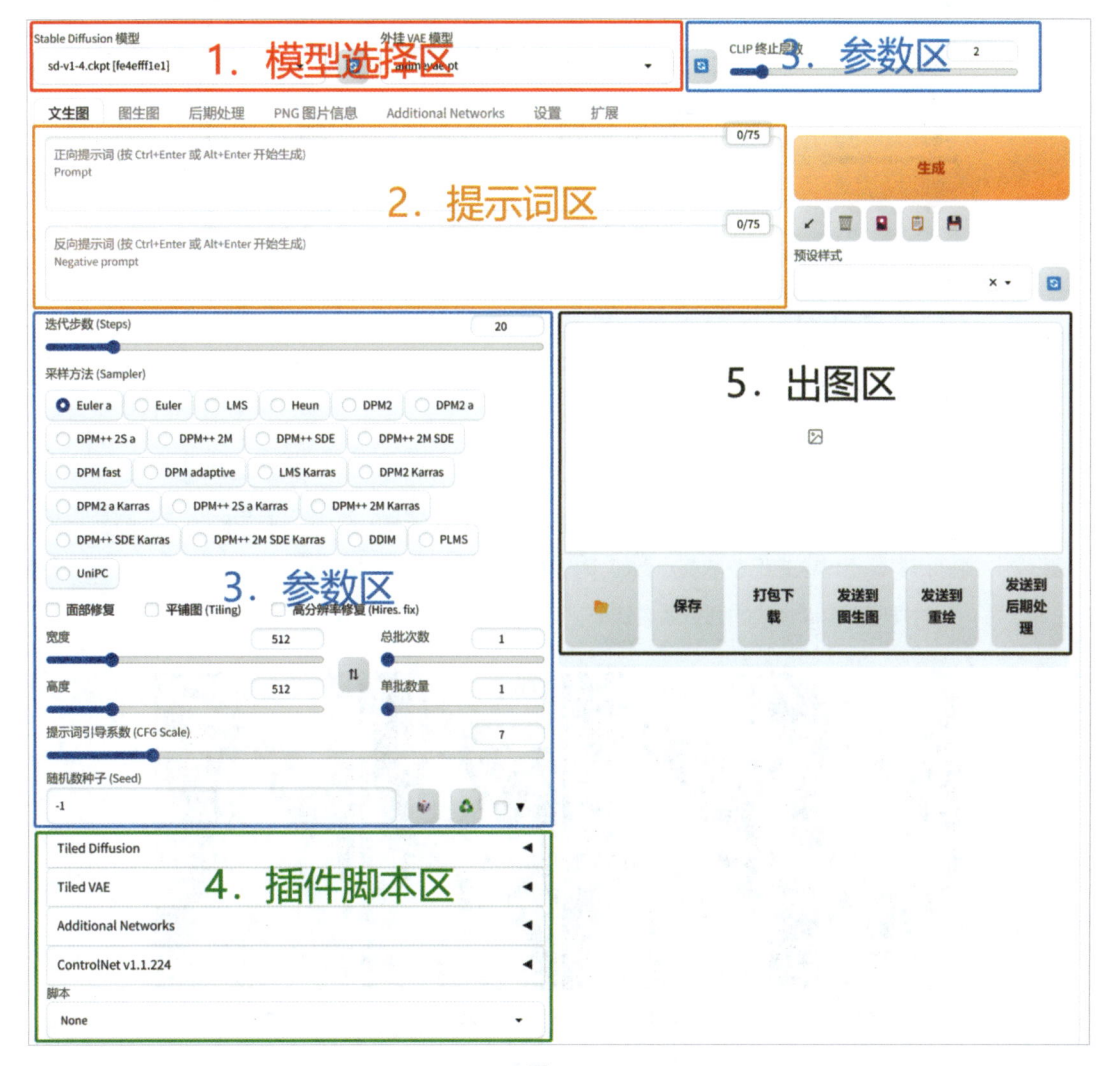

图3.13

在模型选择区选择合适的大模型（没有大模型生成不了图片），在提示词区写下想让画面中出现什么或不想让画面中出现什么，一般这两个提示词框都必须填写上才行。再在参数区选择图片的参数，如果想对图片做一些效果，可以在插件脚本区选择相应的插件脚本，最后单击"生成"按钮，就可以在出图区看到生成的图片了。其中，模型选择、提示词和插件都有专门的章节进行讲解，下一节主要讲解不同参数的设置对图片带来的影响。

3.2 stable-diffusion webUI参数详解——快速上手生成图片

在参数区（见图3.14）中首先能看到这几个参数：迭代步数、采样方法、宽度、高度等。通过调整这些参数，可以得到不同质量的图片。

图3.14

1. 迭代步数

迭代步数（Steps）又称为采样迭代步数（Sampling Step），这个参数决定了生成图片的质量。如图3.15所示，我们可以直观地看到使用不同迭代步数生成的图片质量的对比。30步后生成的图片明显比前几张质量要好得多。不过这并不意味着步数越大，效果就一直越好，采用过大的步数生成的图片不会有明显的增益，有时候反而会令生成的图片质量降低，所以实际设置的时候最好是在30步左右。

图3.15

2. 采样方法

根据第2章的介绍，在图像生成之前，模型会在潜在空间中生成随机初始图像，然后使用U-Net进行图像的生成，其间通过噪声预测器不断评估生成图像的质量，并指导和控制扩散步骤中噪声的增减，整个去除噪声的过程称为"采样"。stable-diffusion的采样方法繁多（见图3.16），而每种采样方法的特性不尽相同。

图3.16

这些采样方法按照原理划分，可以分为经典采样方法、祖先采样方法、Karras采样方法、DPM（Diffusion Probabilistic Model solver，扩散概率模型求解器）系列采样方法、名称中带"2"的采样方法和名称中带"S"或"M"的采样方法。

（1）**经典采样方法**：包含Euler、Heun和LMS，这三种采样方法存在的时间较长，生成图片的速度比较快，但是质量往往不高。

（2）**祖先采样方法**：该类采样方法的采样过程类似于遗传学中的祖先传承。在祖先采样器中，每个样本都有一个与之相关的权重，称为祖先权重，采样过程按照权重从高到低的顺序进行，权重较高的样本被选择的概率更高，并且被复制多次以增加其在下一代中的数量。该采样方法的名称中基本上都包含了字母"a"（是英文Ancestral的缩写，意思是"祖先"），主要有Euler a、DPM2 a、DPM++ 2S a、DPM2 a Karras和DPM++ 2S a Karras这5种。它们在每一个采样步骤中都会向图像添加噪声，这样图片的每一个迭代步数之间会更有随机性一些，也就是说，不同步数之间生成的图片差异性会较大，出图效果不稳定。

（3）**Karras采样方法**：指名称中带有"Karras"字样的采样器，其最大的特色是使用了噪声计划表，可以控制每个采样步骤中的噪声水平，并且随着采样步骤的增加而减少误差。因此，使用该采样器的图片的质量是不错的。该方法主要有LMS Karras、DPM2 Karras、DPM2 a Karras、DPM++ 2S a Karras、DPM++ 2M Karras、DPM++ SDE Karras。

（4）**DPM系列采样方法**：DPM系列采样方法有DPM2、DPM2 a、DPM++ 2S a、DPM++ 2M、DPM++ SDE、DPM fast、DPM adaptive。

（5）**名称中带"2"的采样方法**：指在稳定扩散步骤中对U-Net进行了2次降噪，所以生成的图片会更费时间，但质量会更好一些。这类采样方法有DPM2、DPM2 a Karras、DPM++ 2M、DPM++ 2M Karras、DPM++ 2S a Karras、DPM++ 2S a、DPM++ 2M SDE、DPM++ 2M SDE Karras。

（6）**名称中带"S"或"M"的采样方法**："S"意味着单步（Single step），"M"（Multi step）意味着多步。在这里可以简单理解为"M"多步比"S"单步更稳定。

除此之外，还有一些特殊的划分方式。

在参数和提示词相同的情况下，不同的采样方法会生成类似结构（构图、动态等）的图片，依据这种特性，这些采样器的具体分类如表3.1所示。

表3.1 采样方法

序号	采样方法
1	Euler a、DPM adaptive、DPM2 a Karras、DPM++ 2S a Karras
2	Euler、LMS、Heun、DPM2、DPM++ 2M、LMS Karras、DPM2 Karras、DPM++ 2M Karras、DDIM、PLMS、UniPC
3	DPM2 a、DPM++ 2S a
4	DPM++ SDE、DPM++ 2M SDE、DPM++ SDE Karras、DPM++ 2M SDE Karras、DPM fast

使用相同组的采样方法会得到相同结构的图片，使用不同组的采样方法，即使使用相同的参数和提示词，也会得到不同结构的图片。

这么多的采样方法，有的出色，有的却一言难尽，下面是笔者最常使用的几种采样方法。

（1）Euler a：可以生成写实图片，不过在插画上表现更出色一些。生成图片速度较快，适合快速验证图片方向。

（2）DPM++ SDE Karras：效果出色，10步就能生成质量不错的图片。

（3）DPM adaptive：自适应的采样方法，会根据采样方法自己的判断标准动态地调整噪声、采样步数。比如你设置采样步数为30步，但是它觉得70步最出效果，那么它会自动迭代70步。所以，这个采样方法很出效果，尤其适合写实图像，但缺点是速度太慢。

（4）DPM++ 2M SDE Karras：写实图片表现出色。迭代步数适合在35步以上。

（5）LMS/LMS Karras：适合插画风格。

3. 宽度和高度

宽度和高度是决定出图大小的参数，单位是像素（px）。如果将图片尺寸设置得比较小（见图3.17），那生成的图片中人物的面部会崩坏。但如果尺寸比较大（见图3.18），生成的图片中的人物又会发生"变异"。

图3.17

图3.18

这是因为我们所使用的模型大多是使用512px*512px的图片进行训练的，所以在生成大尺寸图片的时候，图片会崩坏。因此，一般需要使用1000px左右的尺寸进行图片生成。

4. 面部修复

面部修复（见图3.19）可以对生成的图片中人物的面部进行修复。前文提到，小尺寸生成的图片中人物的面部会崩坏，开启面部修复后，这种崩坏现象会好转很多（见图3.20）。但是在生成二次元图片的时候，不建

图3.19

议将面部修复打开，因为二次元人物的面部五官比例和真人大不一样，所以开启面部修复后，二次元人物的脸往往会很奇怪。

图 3.20

开启面部修复后，会占用更多显存，对显存比较低的机器很不友好，所以建议按照 1000px 左右的尺寸进行出图即可，这个尺寸的人物一般不会发生崩坏现象。

5. 高分辨率修复

前文提到，图片尺寸设置过大会发生崩坏，过小图片又会不清晰。这时候可以开启高分辨率修复（见图 3.21）。它会使用放大算法将图片进行放大，因为整个放大过程是在潜在空间进行的，所以放大后的图片细节会更加丰富。

图 3.21

开启高分辨率修复后，会弹出5个选项，分别是放大算法、高分迭代步数、重绘幅度、放大倍数及调整宽/高度。

（1）**放大算法**。放大算法指的是放大图片的方法，不同的放大算法对放大后的图片有不同的优化。我们安装好的stable-diffusion中内置了很多的算法，有Latent潜变量、Latent（antialiased）潜变量（抗锯齿）、Latent（bicubic）潜变量（双三次插值）、Latent（bicubic antialiased）潜变量（双三次插值并抗锯齿）、Latent（neares）潜在（最邻近）、Latent（nearest-exact）潜在（最邻近-整数）、Lanczos、Nearest最邻近（整数缩放）、BSRGAN_4x、ESRGAN_4x、LDSR、R-ESRGAN 4x+、R-ESRGAN 4x+ Anime6B、SCUNET、SCUNET PSNR、SwinIR_4x等。

其中LDSR可以用在写实领域，但是生成图片的速度会慢；ESRGAN_4 x适用于写实图片，并且会锐化图片的细节；R-ESRGAN 4 x+既可以用在写实领域，也可以用在插画、二次元领域，都有比较不错的效果；R-ESRGAN 4x+ Anime6B适合用在插画领域；SwinIR_4x适合表现厚涂插画效果。以上是笔者认为效果较好的几个放大算法，其他放大算法大家可以多做尝试。

（2）**高分迭代步数**。在stable-diffusion中，"高分迭代步数"指的是算法执行的迭代次数。迭代的作用是提升图像细节，增强图像的清晰度。需要注意的是，尽管"高分迭代步数"可以改进生成图片的质量，但是效果并不显著，而且会增加计算的复杂性和所需的时间。这就需要在图片质量和生成时间之间找到平衡，笔者通常默认此参数为0。

（3）**重绘幅度**。重绘幅度（见图3.22）的参数不能设置得太高，否则图片会崩坏，所以通常设置为0.35到0.65。如果原始尺寸就比较大，比如超过1000px，重绘幅度建议低于0.5。

（4）**放大倍数**。高分辨率修复中的放大倍数决定了将图片放大几倍。如果原尺寸是512px*816px，且放大倍数是2，那么生成的图片尺寸就是1024px*1632px。倍数越大，对显卡的要求越高，一般来说1.5到2最为合适。

（5）**调整宽/高度**。调整宽度和高度这两个地方的参数（见图3.23）和"放大倍数"是冲突的，调整完这两个地方的参数后，"放大倍数"参数会变为灰色，生成的图片会按照调整后的尺寸进行生成。这个地方笔者一般不做任何设置。

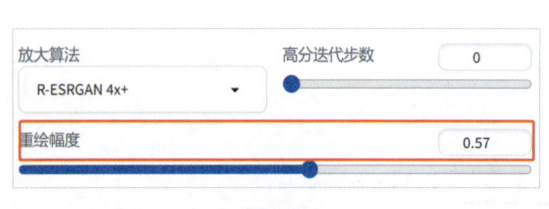

图3.22

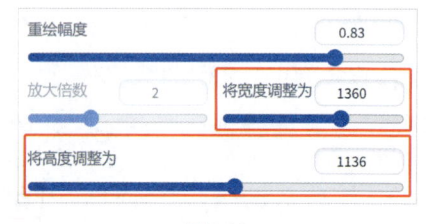

图3.23

6. 单批数量和总批次数

单批数量是指单击一次"生成"按钮，会同时生成几张图片；总批次数是指单击一次"生成"按钮，会按照批次去生成几张图片（见图3.24）。两者都能生成多张图片，它们的区别在于，如果"单批数量"高，比如设置为6，那么计

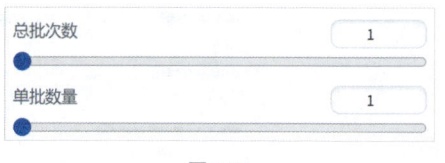

图3.24

算机会同时生成6张图片，会占用更大的显存，对显卡要求高。而如果"总批次数"高，比如设置为4，那么计算机会分4批分别生成图片，对计算机性能造成不了沉重负荷。两个参数可以叠加，比如总批次数是3，单批数量是2，那么一次会生成3×2，共计6张图片。

7. 提示词引导系数

提示词引导系数（CFG Scale）决定了生成的图片和书写的提示词的匹配程度，如果这个参数比较小，AI会有更多的发挥空间。但是也不能太小，比如提示词中有太阳，如果提示词引导系数为2，那么生成的图片中几乎不会出现太阳。同时这个词也不能设置得太大，否则生成的画面质量不会提高，甚至会有所下滑。该参数一般设置为5到12即可。

8. 随机数种子

我们生成的每一张图片会携带一个种子信息（见图3.25），它代表图片在潜在空间中生成时候的位置，"-1"意味着随机。虽然不同的种子可以决定不同的画面构图、主体或颜色的状态，但是不需要去收集它们，因为控制画面生成的方法有很多，不需要专门通过种子这种方法来实现。

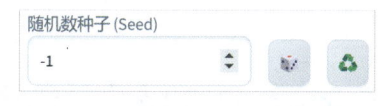

图 3.25

随机数种子旁边有一个"骰子"按钮，单击它，可以让前面输入框中的数字变成"-1"。"骰子"按钮的后面有一个绿色的"回收按钮"，如果之前生成了一张图片，单击它，会自动调用之前生成图片的种子值。

因此，我们便有了一个调试图片的方法。要知道，图片尺寸设置得越大，生成图片的速度就越慢，越小则越快。所以，在生成图片时，可以先多生成几张小尺寸的图片，找到合适的构图之后，在原参数不变的情况下固定种子，并开启高分辨率修复，这样就能得到构图满意的、大尺寸的图片。

9. CLIP终止层数

CLIP是AI用来理解提示词的工具，所以这个参数是指AI理解提示词的程度，AI越理解输入的提示词，才能越好地还原提示词中的内容。CLIP终止层数越小，说明AI越理解提示词，越大说明AI越不理解提示词。这个参数一般设置为2即可。

10. 其他功能

除了以上参数，想要顺利生成图片，还需要了解几处功能。一是在生成图片之后，需要单击黄色的文件夹按钮（见图3.26），来打开生成的图片所在的文件夹。

图 3.26

二是我们生成的图片中，自动携带了生成这张图片时的所有参数，包括提示词。只需要将图片拖曳到顶部导航栏的"PNG图片信息"（见图3.27）里，就能在右侧查看生成信息了。在生成的信息下面，单击

"发送到 文生图"按钮,就可以一键把图片的所有信息发送到文生图的页面中,非常方便。

图 3.27

3.3 stable-diffusion webUI中各个文件夹的作用

SD webUI中有众多文件夹(见图3.28),它们的作用各不相同,本节就来讲解一下其中最重要的几个文件夹的作用。

(1)embeddings。这个文件夹中会放置一些Embedding模型,这个模型可以为生成的图片添加指定的细节。

(2)extensions。这个文件夹非常重要,它是用来放SD webUI插件的地方。为SD webUI安装插件,只需要把插件文件夹拖曳进这个文件夹中即可。

(3)models文件夹。这个文件夹(见图3.29)主要用来放置各种模型。

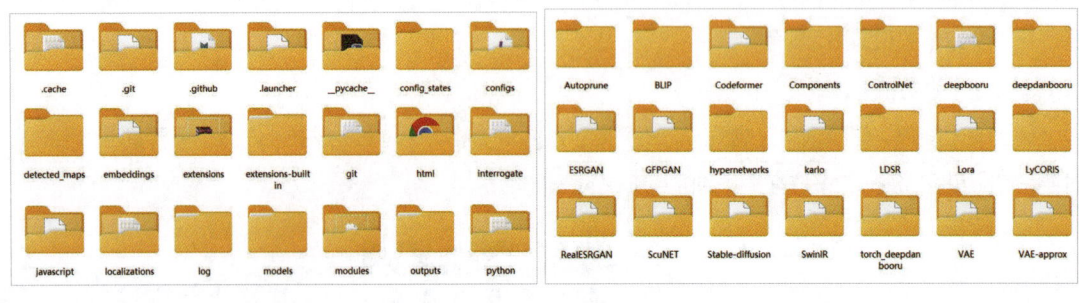

图 3.28　　　　　　　　　　图 3.29

其中,"ESRGAN"文件夹用来放放大算法文件,"Lora"文件夹用来放LoRA模型,"LyCORIS"文件夹用来放LyCORIS模型,"Stable-diffusion"文件夹用来放大模型(Checkpoint),"SwinIR"文件夹用来放"SwinIR_4x"放大算法,"VAE"文件夹用来放VAE模型。

以上这些模型种类会在后面做专门讲解。

（4）outputs文件夹。生成的图片会自动存储到outputs文件夹中，包括使用文字生图、图片生图等，都可以在里面找到。

（5）scripts文件夹。这个文件夹是用来放SD webUI的脚本文件的地方。

3.4 各种模型的特征、安装和使用

在使用stable-diffusion的过程中我们会用到各种各样的模型，主要有Checkpoint、LoRA、LyCORIS、Embedding、VAE这几种。下面对其特征和安装位置进行一一介绍。

1. Checkpoint模型

（1）什么是Checkpoint模型？

Checkpoint模型（以下简称为大模型）是生成图片的基础要素，没有它就无法生成图片，它还决定了生成图片的风格。比如，使用二次元风格的大模型，如Counterfeit或MeinaMix等，那么生成的图片就会是二次元的风格（见图3.30）；如果使用的是写实风格模型，如BeautifulRealisticAsian或ChilloutMix等，那么生成的图片就是写实风格（见图3.31）；如果使用的是2.5D的大模型，如ReVAnimated等，那么生成的图片就是2.5D的图片（见图3.32）。所以，生成的图片风格是跟随大模型的风格走的。

图3.30　　　　　　　　　图3.31　　　　　　　　　图3.32

大模型文件的后缀通常是".ckpt"或".safetensors"，而且文件体积通常比较大，范围在2GB到5GB之间，但更大或更小的文件体积也有。为了让生成的图片更加多元，我们会下载很多的大模型文件。通常下载模型的网站有哩布哩布（https://www.liblib.art/）和吐司（https://tusiart.com/）。

（2）如何使用大模型？

大模型文件下载下来之后，将文件放置在SD webUI目录下的"models\Stable-diffusion"文件夹中，即可使用。可以在"Stable-diffusion"文件夹中创建分类文件夹（见图3.33），比如将大模型分为动画、写实、空间等，这样的好处是可以让我们更加方便地找到想要的风格。

图 3.33

切换大模型有两种方法，一种是在 SD webUI 页面的左上方，找到写有"Stable Diffusion 模型"字样（见图3.34）的选项栏，单击它即可找到安装的各种大模型文件。

图 3.34

另一种是单击"生成"按钮下面的"隐藏/显示扩展模型"按钮（图3.35中右上角加框的按钮），页面会自动弹出扩展模型选项栏，在这里可以看见各种模型，还能看见前文提到的模型分类文件夹，可以依据这些文件夹快速找到合适的模型。

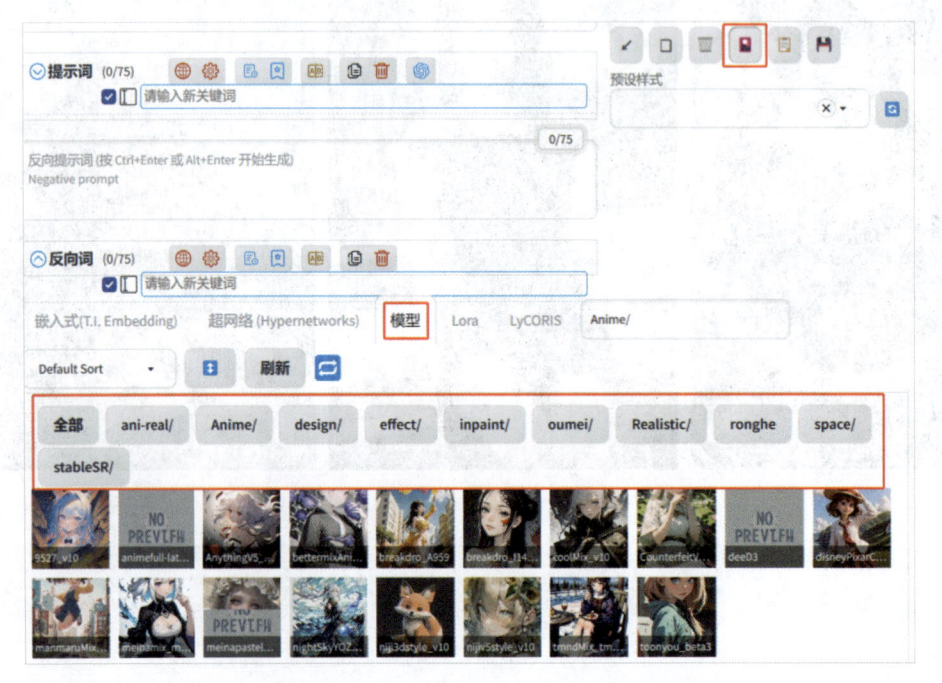

图 3.35

在图3.35中还可以看到，模型基本被加上了封面，放封面的作用是方便我们选择模型。设置模型封面也有两种方法，一种是在生成一张图片后，通过单击模型文件左上角的图标（见图3.36），将生成的图片设置为该模型的封面。

另一种是将一张 PNG 格式的图片命名为与大模型一样的名称（见图 3.37），并且将两者放置在同一个文件夹中，这样图片会自动成为这个大模型的封面。这种方法的好处在于封面可以自主选择，可控性高。

图 3.36

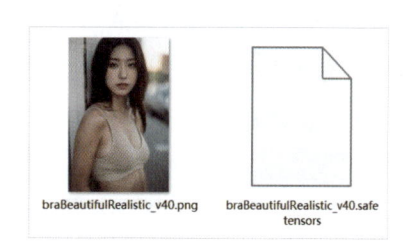

图 3.37

2. LoRA 模型

（1）什么是 LoRA 模型？

LoRA 模型是最具有可玩性的模型，它可以对大模型进行微调，使大模型输出我们指定的画面或风格。

通过提示词加大模型，能生成匹配的图像。但有时大模型也会失灵，比如你想要某一张比较个性的图像，但是这张图像事先没有被训练在大模型里，那么通过输入的提示词是无法输出你想要的图片的。重新训练大模型需要消耗相当多的时间，所以出现了 LoRA 模型，只需要将我们想要的图片特征通过很短的时间训练成 LoRA 模型，再将大模型和 LoRA 模型结合起来使用，就能得到我们指定的图片。

可以想象这样的画面，一个水缸下面的出水口处放上了一个漏斗，漏斗内置了黄色染料。结合了 LoRA 模型和大模型生成图片的过程，就像是水缸使用内置了黄色染料的漏斗放水，无论水缸里的水是什么颜色，放出的水一定带有黄色。

水缸就是大模型，内置了黄色染料的漏斗就是 LoRA 模型，黄色染料就是 LoRA 模型携带的图片特征信息，放出的水就是生成的图片。LoRA 模型可以对大模型进行补充，让大模型生成的每一张图片都携带有 LoRA 模型中的图片信息。

比如，我们收集一些关于苗族服饰的图片，将它们当作训练集训练成 LoRA 模型，那么使用这个 LoRA 模型就可以让我们收集的苗族服饰从各个角度被各种人穿上。LoRA 模型文件的体积通常不大，在 30MB 到 150MB 之间。

（2）如何使用 LoRA 模型？

可以通过前文提到的 C 站和 Hugging Face 网站进行 LoRA 模型的下载。下载完后，将它放在 SD webUI 下的 "\models\Lora" 文件夹中，即可进行安装。安装完成后，单击前文提到的 "隐藏/显示扩展模型" 按钮，就能看到弹出的 "Lora" 选项卡，其中设置封面和分组的操作步骤与前文设置大模型的步骤一样，此处不再赘述。

使用方式依然是单击 LoRA 模型的封面，就能看到一行被 "<>" 括起来的文字出现在提示词栏中（见图 3.38）。这就是成功使用 LoRA 模型的标志了。

图 3.38

首先来看出现的这行文字<lora:aespakarina-v5:1>，左右两边的括号保证了LoRA模型能被识别出来。括号里面的"lora"是这个模型的类型，"lora"后面有一个冒号，冒号后面是另一个英文单词"aespakarina-v5"，这是LoRA的名称。LoRA名称后面有一个冒号，冒号后面是一个数字"1"，这个"1"就是这个LoRA的权重，LoRA的权重可以决定生成的图片中带有多少LoRA模型内携带的图片特征。

我们说LoRA就像是一个内置了黄色染料的漏斗，让流出的水都会变成黄色。那么，这个代表权重的数字"1"可以比作漏斗上的阀门，可以控制漏斗中的黄色染料与水缸里的水的结合程度。权重降低，就像是调小了阀门，只有少部分黄色染料与水接触，那么流出的水就会是淡黄色。也就是说，低权重生成的图片中，出现的LoRA模型中携带的图片特征比较少，简单来说，低权重生成的图片会不像LoRA。

如果权重调高，就像是调大了阀门，会有大部分黄色染料与水接触，那么流出的就会是纯黄色的水。也就是说，高权重生成的图片中，出现的LoRA模型中携带的图片特征很多，简单来说，高权重生成的图片很像LoRA。所以，我们必须谨慎调节权重，才能得到想要的图片。

调节LoRA模型的权重也很简单，只需要将"<lora:aespakarina-v5:1>"中的数字"1"调大或调小。比如"<lora:aespakarina-v5:0.5>"，指的是将LoRA模型的权重调到0.5。图3.39展示的就是使用苗族服饰的LoRA，从最左侧LoRA权重值为0.1到最右侧权重值为0.9，共5个不同权重下生成的图片。可以看到，在权重为0.1时基本上没有苗族服饰的特征，当权重为0.9时，画面中的人物完全穿上了苗族服饰，所以我们可以判断，LoRA模型中携带的图片特征是随着权重的增加而增加的。

图3.39

虽然说增加LoRA模型的权重可以让生成的图片携带更多LoRA模型里的图片特征，但是一味地增加权重不一定会让生成的图片变得更好。比如在图3.40中，左侧是苗族服饰LoRA权重为0.8的时候生成的图片，它的画面是正常的；右侧是苗族服饰LoRA权重为2的时候生成的图片，它的画面已经崩坏了。这是因为权重过高，AI会在图片中塞入过量的图片特征，导致模型无法正确处理图片信息。我们称这种因为权重过高而产生的图片崩坏现象为"过拟合"。

在生成一张图片的过程中可以使用多个LoRA，让生成的图片同时带有多个LoRA模型中携带的图片特征，这有时会让图片格外出效果。图3.41就是笔者同时使用4个LoRA模型生成的图片，分别是<lora:mix4:0.4>、<lora:ran:0.3>、<lora:jk uniform:0.45>和<lora:koreanDollLikeness_v20:0.6>。可以观察到，这几个模型的权重之和不大于2，如果大于2就很容易过拟合，生成崩坏的图片。

AddNet Weight 1: 0.8　AddNet Weight 1: 2.0

图 3.40 　　　　　　　　　　　　　　　　　　图 3.41

3. LyCORIS模型

LyCORIS模型和LoRA模型的特征、下载方法、使用方法、权重都是一样的，它也能够为画面添加指定特征。只不过LyCORIS可以携带的图片特征更多一些，所以它生成的图片的质量要更好一些。但要安装它，需要下载额外的插件，如果你使用的是启动器，那么大概率自带这个插件。

可以在GitHub上搜索"a1111-sd-webui-lycoris"，在弹出的页面中（见图3.42）单击"Code"按钮，复制网址。

复制好网址后，来到SD webUI页面，在顶部导航栏中选择"扩展"选项卡，在扩展页面中选择"从网址安装"选项卡（见图3.43），将刚才复制的网址粘贴到"扩展的git仓库网址"中，然后单击"安装"按钮，即可进行安装。

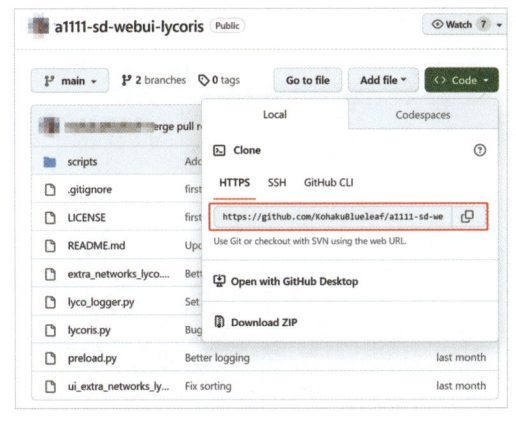

图 3.42 　　　　　　　　　　　　　　　　　　图 3.43

安装成功的标志就是在"安装"按钮的下面会出现"Installed into…"字样，如图3.44所示。

重启SD webUI，然后单击"隐藏/显示扩展模型"按钮，就可以在弹出栏中发现一个叫作

"LyCORIS"的新导航栏（见图3.45）。将LyCORIS模型放置在SD webUI文件夹的"models\LyCORIS"文件夹中，就可以使用了。

图3.44

图3.45

4. Embedding模型

Embedding又称为文本反转模型。它的功能和LoRA模型一样，也是可以对画面进行微调，使之带有Embedding模型携带的图形特征。它的体积很小，一般只有几千字节，所以这类模型携带的信息不会太多，不能将图片改动得太多。

该模型的安装位置是SD webUI文件夹中的"embeddings"文件夹，同样可以进行分组、设置封面等操作。单击"隐藏/显示扩展模型"按钮，在弹出的窗口中可以找到它。

5. VAE模型

第2章提到VAE由编码器和解码器组成，它可以把图片从潜在空间中还原为真实的图片。所以，VAE模型指的就是作用于这一阶段的模型，使用它可以适当地增加画面的细节或饱和度，但是无法给生成的图像带来指定的特征。

一般的大模型内，会内置它本身的VAE模型，但是有的大模型内没有包含，而是将VAE模型外置了出去，成为独立的VAE模型。所以，如果我们想要使用一个没有内置VAE的大模型，就必须将这个大模型和它匹配的VAE模型一起使用，才能发挥这个大模型的全部效果。

一个VAE模型可以结合各种大模型一起使用，也可以结合各种LoRA一起使用，它没有所谓的过拟合的问题。

将下载好的VAE模型放在SD webUI文件的"models\VAE"文件夹中，即可完成安装。在SD webUI页面的上方可以看到VAE的选项栏（见图3.46），单击它，就能选择使用VAE模型。

图3.46

3.5 插件的下载和安装

前文中提到，插件可以通过网址来安装。除此之外，还可以通过"加载扩展列表"的形式来安装。从SD webUI的顶部导航栏中选择"扩展"选项卡（见图3.47），然后选择"可下载"选项卡，在可下载页面中单击"加载扩展列表"按钮，这时会弹出一个有着各种插件列表的页面，想要安装什么插件，可以直接在本页面中按"Ctrl+F"键进行搜索，找到后，在右侧单击"安装"按钮进行安装即可。

安装成功的标志就是搜索框下面会出现"Installed into…"字样（见图3.48），安装好后，重启SD webUI就能找到刚才安装的插件了。

图 3.47

图 3.48

除了通过"加载扩展列表"的形式来安装插件，还有一种安装插件的方法。可以在GitHub页面中搜索插件的名称，在插件的主页单击"Code"按钮，然后在弹窗中单击"Download ZIP"按钮（见图3.49），就可以把插件的本体文件压缩包直接下载到本地。然后把解压后的文件放在SD webUI下面的"extensions"文件夹中，即可完成安装。安装好的插件可能会出现在顶部导航栏，也可能会出现在页面底部。

以上是安装插件的方法，卸载插件很简单，只需要在SD webUI下面的"extensions"文件夹中找到对应的插件，然后直接删掉即可。

除了插件，还有一种扩展是以脚本的形式存在的。脚本的安装其实很简单，只需要将脚本文件下载下来，然后放入SD webUI下面的"scripts"文件夹中即可。安装好的脚本在SD webUI最下面的脚本选项栏（见图3.50）中就能找到。

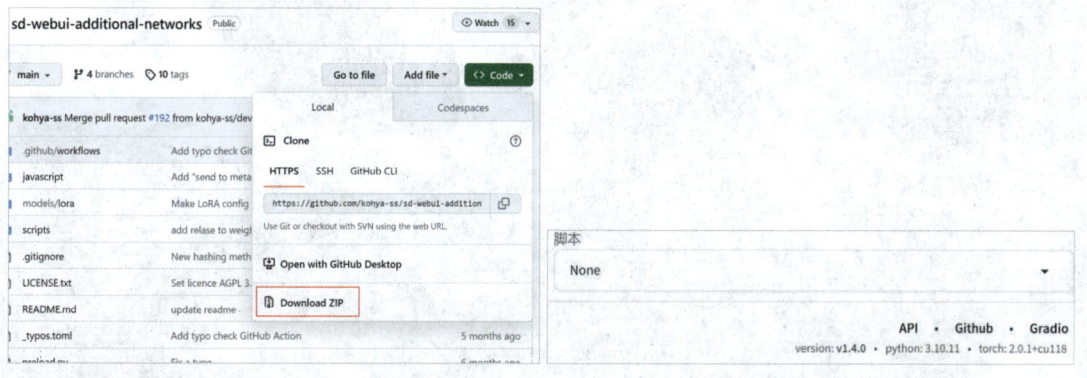

图 3.49

图 3.50

第4章
提示词的艺术

4.1 提示词的基本语法

1. 提示词的基本书写原则

在Stable Diffusion中，可以通过书写提示词来生成图片。但是很多词叠放在一起会特别杂乱，这时候需要分组书写，有助于对提示词进行优化。

图4.1展示的就是笔者常用的提示词结构。其中第一行"Best quality, Masterpiece, lens flare, movie scene"（最佳质量，杰作，镜头闪光，电影场景），这里面的词语没有一个是表示具体形象的，全是一些抽象的或形容画面的词语，笔者称之为"全局词"。书写全局词会让画面质量变得更好，但是全局词的数量不需要太多，因为画面中是要表现某个主体或某个场景，需要有具体的形象，给多了全局词，AI会把你要表达的东西忽略掉。

图4.1

第二行"A girl is picking up a cup, solo, full body, medium-short dark brown hair, double eyelid"（一个女孩正在拿起杯子，一个人，全身，中短发，双眼皮），这里面全部是形容主体的词。然后是第三行"Tokyo Street, city, Cafe Street"（东京街头，城市，咖啡街），这些是关于场景的词。可以发现，全局词、主体词和场景词分为三行，这样的提示词就会变得很清晰，如果我们想对某个词进行修改，也很方便找。这只是一个简单的提示词的书写结构，可以根据自己的习惯来调整。

通过图4.1，我们还可以发现每个提示词都使用了英文的逗号隔开，其中既有单独的词如"solo"，也有词组如"double eyelid"，还有短句如"A girl is picking up a cup"，以上这些类型的提示词都是可以放进提示词框中的，都能起到作用。从语言的种类上来说，AI可以识别英文，但是无法识别中文，所以我们既不能直接输入中文，也不能使用中文的逗号去分隔各个提示词。

以上是正提示词，表示希望画面中出现什么。还有负提示词，表示尽量避免在画面中出现什么。负提示词可以和正提示词对应着写，比如正提示词里有"最佳质量"，那么负提示词里可以写"最差质量，平庸质量，低质量"，或者你希望画面中只有一个女孩的形象出现，那么可以在负提示词里可以写"两个女孩，三个女孩"。

2. 提示词的分类

提示词大致可以分为以下几种。

（1）画质词。比如best quality（最好的质量）、masterpiece（杰出作品）、insane details（疯狂的细节）等。这些提示词的作用是影响生成的图片本身的质量，一般写2到3个词就足够了。

（2）摄影词汇。比如photograph（摄影）、Leica M10（徕卡M10相机）、Vignette（暗角效果）等，这些提示词可以提高生成的图片的摄影质感。

（3）渲染风格词汇。比如octane render（OC渲染器）、3D render（3D渲染）、blender render（blender渲染）等，使用它们可以得到渲染的画面效果。

（4）插画风格。这类词有Chibi（Q版风格）、cartoon（卡通）、painting（绘画）等。这类词可以让你的画面呈现卡通插画风格，不过要配合相应的大模型才能出效果。

（5）视角词汇。比如low angle（低角度）、bird's eye view（鸟瞰）、macro（微距）等，灵活使用视角词汇，可以对画面的构图有不错的控制。

（6）人物镜头词汇。比如full body（全身）、detail shot（特写）、knee shot（膝盖以上）等。这类词可以控制人物在画面中出现的位置。

（7）主体词和背景词。用于描述画面中的主体和场景，可以是人，也可以是动物、建筑等。

（8）艺术风格。这类词有surrealism（超现实主义）、Ghibli style（吉卜力风格）、cyberpunk（赛博朋克）等。这类词往往可以给画面带来丰富的细节。

（9）颜色。使用颜色的词描述元素的时候，可以使用下划线将两个词做连接，比如"pink_hair"，这样书写，颜色和元素的关联性会更高一些。

其实提示词远不止这9种，这里只是进行了大概的归纳。我们可以使用各种词、短语、句子或语法进行尝试。但是所有的提示词和标点符号都必须使用英文，这一点要切记。

3. 使用圆括号控制提示词的权重

前文提到过对LoRA权重的控制，提示词中也有控制权重的概念。通过对提示词权重的调节，可以控制元素在画面中的比重。

我们先来看这一段提示词：

best quality, meticulously crafted, high resolution, photography,

cat,

outdoor, sunlight,

它的主体词是第二行的"cat"（猫）。使用这段提示词可以得到一张猫的图片，如图4.2所示。

接下来我们在"cat"的后面加上"flowers"（花）。

best quality, meticulously crafted, high resolution, photography,

cat, flowers,

outdoor, sunlight,

我们会得到图4.3，乍一看画面中没有花，但是仔细看，会发现花在猫后面的窗户下面，很小。

显然花这样小的图片不是我们想要的，我们需要花的形象在画面中占有足够的比重，所以我们在

图4.2

"flowers"的两侧加上圆括号。

best quality, meticulously crafted, high resolution, photography,

cat, (flowers),

outdoor, sunlight,

这样一来,在我们得到的图片中(见图4.4),花就跑到前面去了,面积也大了许多。这就是增大了"flowers"的权重,让这个词所对应的形象在画面中的比重提高了。

图4.3

图4.4

通常来说,给某一个词增加一组圆括号,比如"(tree)",意思是说将"tree"这个词的权重变为1.1倍,那么增加两组圆括号呢?比如"((tree))",意思是说将"tree"这个词的权重变为1.1×1.1,即1.21倍。以此类推,我们可以得到表4.1所示的规律。

表4.1 提示词权重倍数递增

括号数量	权重
tree	正常权重
(tree)	权重变为1.1倍
((tree))	权重变为1.1×1.1 = 1.21倍
(((tree)))	权重变为1.1×1.1×1.1 = 1.331倍
((((tree))))	权重变为1.1×1.1×1.1×1.1 = 1.4641倍
…	…

圆括号不仅能括住一个单词，对以下情况同样适用（见表4.2）。

表4.2 提示词组合权重递增

括号中的内容	举例
多个单词	(tree, water)
一个词组	(Smooth ceramic tiles)
多个词组	(Smooth ceramic tiles, beautiful wallpaper)
一个短句	(A girl is standing on the street)
多个短句	(There is thick snow on the street, There is no one on the road)
不同类型的提示词的组合	(A girl, Beautiful faces, Exquisite makeup, The girl is holding a cat, The cat has a red hat on its head)

提高提示词权重的方法不止叠加括号这一种，还可以通过"冒号+权重数字"的形式来进行权重的叠加。比如将提示词写成这样：

best quality, meticulously crafted, high resolution, photography,

cat, (flowers:1.3),

outdoor, sunlight,

这样的提示词生成的图片，花的面积会很大。"(flowers:1.3)"的书写方式的意思是，将"flowers"这个词的权重变为1.3倍。如果是"(flowers:1.6)"呢？就是将"flowers"这个词的权重变为1.6倍。

除此之外，还有一种能够增加权重的方法，就是将你想要增大权重的词的位置提前，因为越靠前的提示词的权重就越大。比如我们可以把"flowers"放到"cat"之前。

best quality, meticulously crafted, high resolution, photography,

flowers, cat,

outdoor, sunlight,

在生成的图片（见图4.5）中，可以直观地看到花的形象出现在前方的草地上，面积变大了许多。

我们甚至可以把"flowers"这个词放到最前面，写成以下形式：

flowers, best quality, meticulously crafted, high resolution, photography,

cat,

outdoor, sunlight,

生成的图片（见图4.6）中，花的形象更加明显了。

图 4.5　　　　　　　　　　　　　　图 4.6

接下来我们尝试把"flowers"的权重增加到 2，可以看到生成的图片（见图 4.7）中，花的面积、品种、色彩都得到了提高。提高权重意味着，将有关提示词语义的丰富特征以 AI 觉得合理的方式填充进画面中。

提示词过高的权重会给图片带来过量的特征，这些特征并不一定就是提示词所代表的形象本身，高权重的提示词会令画面中出现和提示词相关的环境或物品等，比如在图 4.7 中我们可以看到有花坛和花树的形象。

同时，过高权重的提示词会让 AI 难以处理相关特征。比如 (cat:3)，就是说给"cat"这个词 3 倍的权重，那么生成的图片（见图 4.8）会崩坏掉，这是因为 AI 过于处理"cat"这个词而导致的。对于这样的情况，我们可以说画面中出现了语义污染。

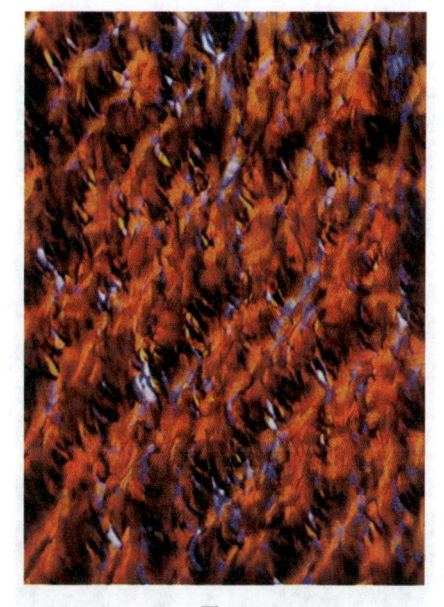

图 4.7　　　　　　　　　　　　　　图 4.8

4. 使用方括号降低提示词的权重

前文提到使用圆括号可以增加提示词的权重，那么使用方括号将提示词给括起来，可以降低提示词的权重。

我们先来看这样一组提示词：

best quality, meticulously crafted, high resolution, photography,

lake, tree,

outdoor, sunlight,

在它生成的图片（见图4.9）中，有一片很大的lake（湖）。

保持其他的提示词不变，把"lake"这个词用方括号括起来，写成[lake]，在生成的图片（见图4.10）中可以看到湖的面积明显小了很多。

方括号的作用就是将提示词的权重降低。同样地，方括号也可以像圆括号一样叠加使用。

前文中的圆括号其实也可以起到降低权重的作用，只需要将表示权重的数字写成小于1的，即可降低权重。比如，我们将"lake"的权重写成0.2，看一下生成的图片效果。

best quality, meticulously crafted, high resolution, photography,

(lake:0.2), tree,

outdoor, sunlight,

可以看到，在生成的图片（见图4.11）中，湖的面积依然是比较小的，这说明"lake"的权重被降低了。

图4.9

图4.10

图4.11

5. 使用竖杠和AND语法进行提示词的循环绘制

除了对提示词进行增减权重的操作，我们还可以使用更高级的语法，对画面进行绘制。比如，使用竖

杠符号——"|"对两个提示词进行分隔，如"cat | peacock"（猫 | 孔雀）。我们将使用下面的提示词进行图片生成：

best quality, meticulously crafted, high resolution, photography,

cat | peacock,

outdoor, overexposure,

可以看到，在生成的图像中，猫的形象和孔雀的形象结合在了一起（见图4.12）。从这个案例中可以发现，竖杠符号的作用是将两边的提示词所对应的形象进行结合。

通过这种方法，我们可以创造很多本来没有的形象。其实把竖杠换成"AND"，也能得到相同的效果，比如使用"dog AND eagle"，就可以看到狗与鹰形象的结合（见图4.13）。

图4.12 　　　　　　　　　　　图4.13

竖杠和AND除了可以融合形象，还可以融合颜色。通过图4.14可以看到融合颜色的效果，使用竖杠融合的颜色比较干净，而使用AND融合的颜色饱和度比较高，明度比较低。

white | pink | blue hair　　　Red AND blue hair

图4.14

无论是竖杠还是AND，本质上都是对两个或多个元素进行循环绘制。图4.15所使用的提示词是"elephant | butterfly"，它的意思是说第一步生成大象，第二步生成蝴蝶，第三步再次生成大象，第四步再次生成蝴蝶，如此往复，直到运行采样迭代的最后一步。

图4.15

6. 控制提示词生成的步数

除了对元素进行循环绘制从而融合形象，还可以指定某一个形象被绘制的步数。它的书写规则是："[提示词A : 提示词B : 生成步数]"，比如使用下面的提示词：

best quality, meticulously crafted, high resolution, photography,

[goldfish : porcelain : 10] ,

outdoor, sunlight,

在它所生成的图像里（见图4.16），我们可以看到一条由瓷器组成的金鱼。所以，我们可以知道提示词中的"[goldfish : porcelain : 10]"，指的是前10步生成"goldfish"（金鱼）这个词对应的形象，10步之后的所有步数都去生成"porcelain"（瓷器）这个词对应的形象。这里的步数指的就是我们所设置的"采样迭代步数"这个参数。

图4.16

除了用表示步数的数字控制提示词生成的步数，还可以用小数来代表提示词生成的步数在总步数中的占比。比如"[bird : gear : 0.4]"，意思是说总采样迭代步数的前40%步生成bird（鸟），后60%步生成gear（齿轮）。所以，我们可以看到，在所生成的图片（见图4.17）里，bird和gear的形象进行了融合。

需要注意的是，这种提示词的书写方式中只能出现两个提示词，给3个或3个以上提示词的时候，会失去效果。比如"TV | Squirrel | Tree"（电视|松鼠|树）这个词生成的图片（见图4.18）就不是三者融合的形象。

图4.17

图4.18

7. 延迟生成

前文提到了可以控制提示词被生成的步数，但都是和另一个提示词组合才能生效。其实也有单独为一个提示词设置指定的生成步数的方法。我们可以将提示词写成"[提示词：采样迭代步数]"。比如说"[flower:17]"，意思是说在采样迭代进行17步后，再去生成flower这个词所对应的形象，即这个形象是延迟生成的。在图4.19中，我们可以看到这种提示词的书写方式和只使用"flower"所生成的图片的对比。

[flower:17]　　　　**flower**

图4.19

从中可以很清晰地看到，"[flower:17]"在图片生成17步之后才开始生成flower，所以花的形象并不突出，需要很仔细才能看出来，相当于变相降低了提示词的权重。

8. 提前生成

既然提示词可以延迟生成，那么也可以提前生成。提前生成的书写方法为"[提示词 :: 采样迭代步数]"，值得注意的是，提示词和采样迭代步数之间是两个英文的冒号。比如"[river::10]"的意思是，在总采样迭代步数的前10步生成river（河流），10步之后就不再生成河流了。来看一下它和"river"所生成的图片的对比，如图4.20所示。

[river::10]　　　　**river**

图4.20

可以看到，前10步生成river的图片中没有河流，只有弯曲的道路；而只使用river的图片中，原本是道路的地方，变成了弯曲的河流。

4.2 神奇的中国风机甲

1. 提示词的重要性

初学者往往比较急功近利，在生成图片的时候可能会选择抄别人的提示词，或者不停地叠加LoRA，这样虽然也能得到还不错的照片，但是不能提高我们对AI绘画流程的理解。东拼一处提示词，西拼三个LoRA，这样下来怎么能对哪个词或哪个模型的作用产生清晰的认知呢？

所以，这一节我们只使用提示词来生成图片。先来做这样一个游戏，请根据上面所学的知识，猜测笔者生成图4.21时用了哪些提示词，答案在本章节的最后一页。

图4.21

2. 生命与机械

机械是冰冷的、无知觉的、无生命的,但是随着人工智能的不断迭代,机械有一天会产生自己的意识乃至生命吗？带着这样的思考，让我们开始进入AI绘画的世界。

为了更清晰地看到提示词的作用，我们先采用控制变量法。模型一律使用"chilloutmix_NiPrunedFp32Fix"，不用任何LoRA和插件，同时使用下面的负提示词。

nsfw, sketches, (worst quality:2), (low quality:2), (normal quality:2), lowres, ((monochrome)), ((grayscale)), skin spots, acnes, skin blemishes, bad anatomy, (long hair:1.4),(fat:1.2), facing away, looking away, tilted head, bad hands, text, error, missing fingers, extra digit, fewer digits, cropped, jpeg artifacts, signature, watermark, username, blurry, poorly drawn face, mutation, deformed, extra fingers, extra limbs, extra arms, extra legs, malformed limbs, fused fingers, too many fingers, long neck, cross-eyed, mutated hands, bad body, bad proportions, gross proportions

固定使用图4.22中的参数，只修改正提示词。通过这种方法，我们就可以清晰地看到提示词对画面带来的影响。

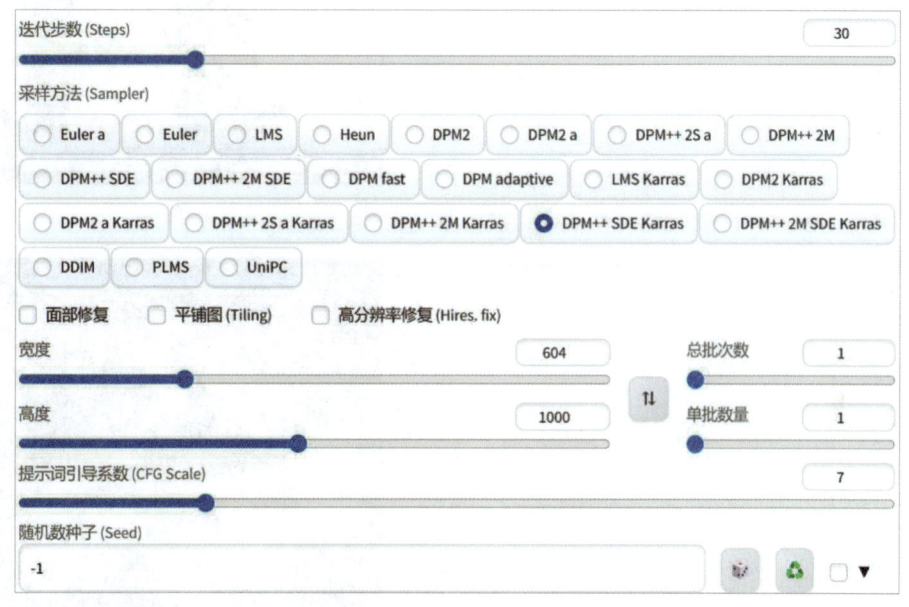

图4.22

首先我们写一段提示词。

提示词：best quality, masterpiece, high resolution, intricate details, ((realistic)), photographic, artstation, surrealism, HED, octane rendered, futuristic, ultra-high image quality, picture-perfect, flawless, meticulously crafted, extremely detailed CG unity 8k wallpaper, a Giant war mechs | mechanical body densely covered with intricate geometric circuits, volumetric lighting, technologically advanced, cyberpunk background | desert | war

翻译：最好的质量，杰作，高分辨率，复杂的细节（（逼真）），摄影，艺术站，超现实主义，HED，辛烷值渲染，未来主义，超高画质，画面完美无瑕，精心制作，极其详细的CG unity 8k壁纸，一个巨大的战争机械 | 布满复杂几何电路的机械体，体积光照，技术先进，赛博朋克背景 | 沙漠 | 战争

在提示词中的主体词里，我们使用了前文提到的竖杠语法，利用竖杠，将"一个巨大的战争机械"和"布满复杂几何电路的机械体"的形象进行融合。看一下生成图片的效果，如图4.23所示。

在生成的图片中，我们可以看到一个还算精致的机器人的形象，环境中有火光，有楼的影子，基本上符合提示词。但是机器人给人的感觉很小，并不是提示词中显示的"巨大的战争机械"的感觉。所以，我们将提示词中主体的部分做如下修改。

提示词：best quality, masterpiece, high resolution, intricate details((realistic)), photographic, artstation, surrealism, HED, octane rendered, futuristic, ultra-high image quality, picture-perfect, flawless, meticulously crafted, extremely detailed CG unity 8k wallpaper, (a Giant war mechs: 1.4) | (mechanical body densely covered with intricate geometric circuits: 1. 4), volumetric lighting, technologically advanced, cyberpunk background | desert | war

翻译：最好的质量，杰作，高分辨率，复杂的细节（（逼真）），摄影，艺术站，超现实主义，HED，辛烷值渲染，未来主义，超高画质，画面完美无瑕，精心制作，极其详细的CG unity 8k壁纸，（巨大的战争机械：1.4）|（布满复杂几何电路的机械体：1.4），体积光照，技术先进，赛博朋克背景|沙漠|战争

图4.23

可以看到，"a Giant war mechs"和"mechanical body densely covered with intricate geometric circuits"都增加了权重。生成的效果如图4.24所示。

由于提高了主体词的权重，画面中的机器人形象一下子变得高大了起来，细节也更加丰富了，但是场景不是很合适。我们可以将提示词修改如下。

提示词：best quality, masterpiece, high resolution, intricate details, ((realistic)), photographic, artstation, surrealism, HED, octane

图4.24

rendered, futuristic, ultra-high image quality, picture-perfect, flawless, meticulously crafted, extremely detailed CG unity 8k wallpaper, (a Giant war mechs: 1. 4) | (mechanical body densely covered with intricate geometric circuits: 1. 7), volumetric lighting, technologicallyadvanced, (cyberpunk background | (desert: 1. 2) | war)

翻译：最好的质量，杰作，高分辨率，复杂的细节（（逼真）），摄影，艺术站，超现实主义，HED，辛烷值渲染，未来主义，超高画质，画面完美无瑕，精心制作，极其详细的CG unity 8k壁纸，（巨大的战争机械：1.4）|（布满复杂几何电路的机械体：1.7），体积光照，技术先进，（赛博朋克背景|（沙漠：1.2）|战争）

可以看到，表示场景的"desert"的权重提高了，生成的图片（见图4.25）中也顺利出现了沙漠的景观。

但是现在看起来，这张图片的机甲部分还不够有意思。我们可以从主体词上下手，比如将原来的主体词改成"身着红色长袍的巨型机甲"和"双手合十盘腿坐"，场景也要改成中国宫殿。修改提示词如下。

提示词：best quality, meticulously crafted, high resolution, intricate details, ((realistic)), photographic, artstation, surrealism, ultra-high image quality, picture-perfect, extremely detailed CG unity 8k wallpaper, (drama light: 2), huge snow mountain, epic ink bending shot, dynamic fire in background, exaggerated-spective, breathtaking moment, (a giant mecha dressed in a red robe: 1. 8) | (sitting cross legged with its palms folded together: 1. 6) | (mechanical body densely covered with intricate geometric circuits: 1. 3) | LED , full body, great Chinese palace background, lens non-circular lens flare

图4.25

翻译：最好的质量，精心制作，高分辨率，复杂的细节，（（现实主义）），摄影，艺术站，超现实主义，超高画质，完美的画面，极其详细的CG统一8k壁纸，（戏剧光：2），巨大的雪山，史诗般的墨水弯曲镜头，背景中的动态火焰，夸张的视角，令人惊叹的时刻，（身着红色长袍的巨型机甲：1.8）|（双手合十盘腿坐：1.6）|（布满复杂几何电路的机械体：1.3）|LED，全身，中国宫殿背景，透镜非圆形透镜光斑

可以看到，在修改提示词后生成的图片（见图4.26）中，虽然由于目前AI技术的局限性，部分提示词比如"中国宫殿背景"形象未能成功反映到画面中，但就目前生成的形象来说，无论是动态、色调还是画面光感，都变得更加有意思了，主体机甲有种正在冥想的感觉。从这一步还可以再进行深入，让画面更出效果。

可以将提示词中再添上表示翅膀的词"flying wings",提示词修改如下。

提示词：best quality, meticulously crafted, high resolution, intricate details, ((reali-stic)), photographic, surrealism, ultra-high image quality, (drama light: 2), snow mountain, epic ink bending shot, dynamic fire in background, exaggerated-spective, breathtaking moment, (a giant mecha dressed in a red robe: 1. 8) | (sitting cross legged with its palms folded together: 1.6) | (mechanical body densely covered with intricate geometric circuits: 1.3) | LED | (flying wings: 1.6), full body, great Chinese palace background, lens non-circular, lens flare

翻译：最好的质量，精心制作，高分辨率，复杂的细节，((现实主义))，摄影，超现实主义，超高图像质量，(戏剧灯光：2)，雪山，史诗般的墨水弯曲镜头，背景中的动态火焰，夸张的操作视角，令人惊叹的时刻，(身着红色长袍的巨型机甲：1.8)|(双手合十盘腿坐：1.6)|(布满复杂几何电路的机械体：1.3)|LED|(飞翼：1.6)，全身，伟大的中国宫殿背景，透镜非圆形透镜，镜头光

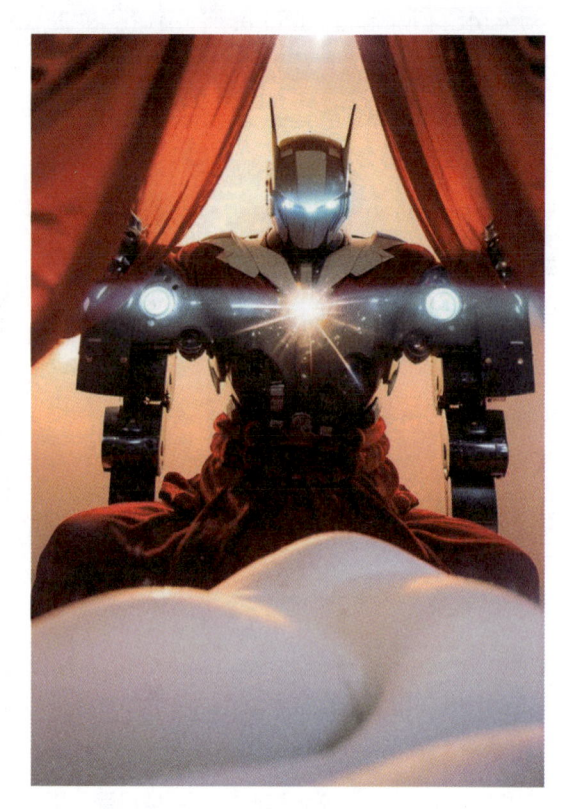

图4.26

可以看到，生成的图片（见图4.27）中的主体变得很有气势，还出现了翅膀的元素，但它是以布上纹样的形式呈现的。这是因为我们使用了竖杠的融合语法对主体词进行连接，同时每个被连接的词都有一定的权重，若干高权重的提示词结合竖杠语法，使形象之间互相影响、交融，所以翅膀的形象和布的形象就融合在了一起。

除了翅膀的形象，我们还发现图片的下面出现了一个跪坐的红袍小人，可是提示词中并没有出现"跪坐的人"这类词汇。这是因为有"双手

图4.27

合十盘腿坐"这个动作类的词，想一下，一般能做出这种动作的都是人类，而这组词的权重又很高。一个高权重的词会将和其相关的形象带入画面中，所以在底部形成了一个跪坐的小人的形象。这种因为高权重而令画面中出现额外元素的现象，也可以称为"语义溢出"。利用语义溢出，可以为画面带来更有意思的效果。

比如在提示词中添加"A girl sitting cross legged with its palms folded together"（一个女孩盘腿坐着，手掌合十），该提示词的动作和机甲是一样的，提示词如下。

提示词：best quality, meticulously crafted, high resolution, intricate details, ((realistic)), photographic, surrealism, ultra-high image quality, (drama light: 2), snow mountain, epic ink bending shot, dynamic fire in background, exaggerated-spective, breathtaking moment, (a giant mecha dressed in a red robe: 1.8) | (sitting cross legged with its palms folded together: 1.6) | (mechanical body densely covered with intricate geometric circuits: 1.3) | LED| (flying wings: 1.6), full body, a girl sitting cross legged with its palms folded together, great Chinese palace background, lens flare

翻译：最好的质量，精心制作，高分辨率，复杂的细节，（（现实主义）），摄影，超现实主义，超高图像质量，（戏剧灯光：2），雪山，史诗般的墨水弯曲镜头，背景中的动态火焰，夸张的操作视角，令人惊叹的时刻，（身着红色长袍的巨型机甲：1.8）|（双手合十盘腿坐：1.6）|（布满复杂几何电路的机械体：1.3）|LED|（飞翼：1.6），一个女孩盘腿坐着，手掌合十，全身，伟大中国宫殿背景，镜头闪光

这段提示词所生成的图像如图4.28所示，画面中的机甲和女孩这两个形象已经完全分开。整个构图变得非常有意思，让人感觉漂浮的机器人就像是女孩冒出的灵魂一样。在上段提示词中由于高权重带来的语义溢出，已经让画面中冒出来一个人了，新的提示词又加上了关于人的提示词去强化这种特征，所以才能得到这种效果。

现在的画面已经非常有意思了，但是下面的

图4.28

女孩的坐姿却不甚优雅，这说明关于女孩动作的提示词的特征没有被AI很好地还原出来，这时候可以对女孩姿势的提示词的权重进行提高。除此之外，还有另一种方法，就是降低前面的有关机甲的提示词的权重。因为降低了前面提示词的权重，就相当于变相地提高了后面提示词的权重，所以将提示词做如下修改。

提示词：best quality, meticulously crafted, high resolution, intricate details, ((realistic)), photographic, surrealism, ultra-high image quality, (drama light:2), snow mountain, epic ink bending shot, dynamic fire in background, exaggerated-spective, breathtaking moment, (a giant mecha dressed in a red robe:1.5) | (flying wings:1.6) | (sitting cross legged with its palms folded together:1.6) | (mechanical body densely covered with intricate geometric circuits:1.3) | LED, full body, a girl sitting cross legged with its palms folded together, great Chinese palace background, lens flare

翻译：最好的质量，精心制作，高分辨率，复杂的细节，（（现实主义）），摄影，超现实主义，超高图像质量，（戏剧灯光：2），雪山，史诗般的墨水弯曲镜头，背景中的动态火焰，夸张的操作视角，令人惊叹的时刻，（身着红色长袍的巨型机甲：1.5）|（飞翼：1.6）|（双手合十盘腿而坐：1.6）|（布满复杂几何电路的机械体：1.3）|LED，全身，一个女孩盘腿坐着，手掌合十，伟大的中国宫殿背景，镜头闪光

新生成的图片里（见图4.29），女孩的姿态得到了明显的改善，同时因为降低了关于机甲的权重，所以女孩上面的机甲形象的面积变小了许多。我们还注意到，由于把"flying wings"（飞翼）这个词的位置提到了前面，变相地增加了这个词的权重，所以在新生成的图片里，翅膀的形象变得特别突出。

现在图片的效果已经很好看了，但是在构图上还可以进行优化。比如，可以添加"holy geometry"（神圣的几何）这个词，并且给它一个高权重，也就是将提示词做如下修改。

提示词：best quality, meticulously crafted, high resolution, intricate details, ((realistic)), photographic, surrealism, ultra-high image quality, (drama light: 2), snow mountain, epic ink bending shot, dynamic fire in background, exaggerated-spective, breathtaking moment, (holy geometry: 1.4), (a giant mecha dressed in a red robe: 1.5) | (flying wings: 1.6) | (sitting cross legged with its palms folded together: 1.6) | (mechanical body densely covered with intricate geometric circuits: 1.3) | LED, full body, a girl is sitting cross legged with its palms folded together, great Chinese palace background , lens flare

图4.29

翻译：最好的质量，精心制作，高分辨率，复杂的细节，（（现实主义）），摄影，超现实主义，超高图像质量，（戏剧光线：2），雪山，史诗般的墨水弯曲镜头，背景中的动态火焰，夸张的视角，令人惊叹

的时刻,(神圣的几何:1.4),(身着红色长袍的巨型机甲:1.5)|(飞翼:1.6)|(双手合十盘腿而坐:1.6)|(布满复杂几何电路的机械体:1.3)|LED,全身,一个女孩盘腿而坐,双手合十,伟大的中国宫殿背景,镜头闪光

可以看到,在新生成的图片(见图4.30)中,出现了巨大的几何线条,这样的线条很有设计感,使画面整体更加有故事感。

3. 机甲与中国文化

前面我们看到了如何一步步通过提示词把自己的思考融入画面,并且对画面进行优化。但是回看前文的提示词,我们会发现提示词的数量很多,看起来很冗长。所以,接下来为大家展示如何用少量的提示词做出令人惊叹的细节。

首先还是采用控制变量法,模型还是使用chilloutmix_NiPrunedFp32Fix,然后固定使用以下负面提示词。

nsfw,sketches,(worst quality:2), (low quality:2), (normal quality:2), lowres, normal quality, ((monochrome)), ((grayscale)), skin spots, acnes, skin blemishes, bad anatomy,

图4.30

DeepNegative, facing away, looking away, tilted head, bad anatomy, bad hands, text, error, missing fingers, extra digit, fewer digits, cropped, worst quality, low quality, normal quality, jpeg artifacts, signature, watermark, username, blurry, poorly drawn face, mutation, deformed, extra fingers, extra limbs, extra arms, extra legs, malformed limbs, fused fingers, too many fingers, long neck, cross-eyed, mutated hands, polar lowres, bad body, bad proportions, gross proportions, text, error, (Cutting Line: 1.4), (Photo white edge: 1.4)

固定使用图4.31中的参数,其中"提示词引导系数"(CFG Scale)的值是5。我们说过,这个参数是指生成的图片和提示词的相关程度,其值越高,画面中就会出现越多提示词所代表的形象。笔者将这个参数的值设置为"5",是想给AI多一些发挥空间,让画面中的细节更加丰富。

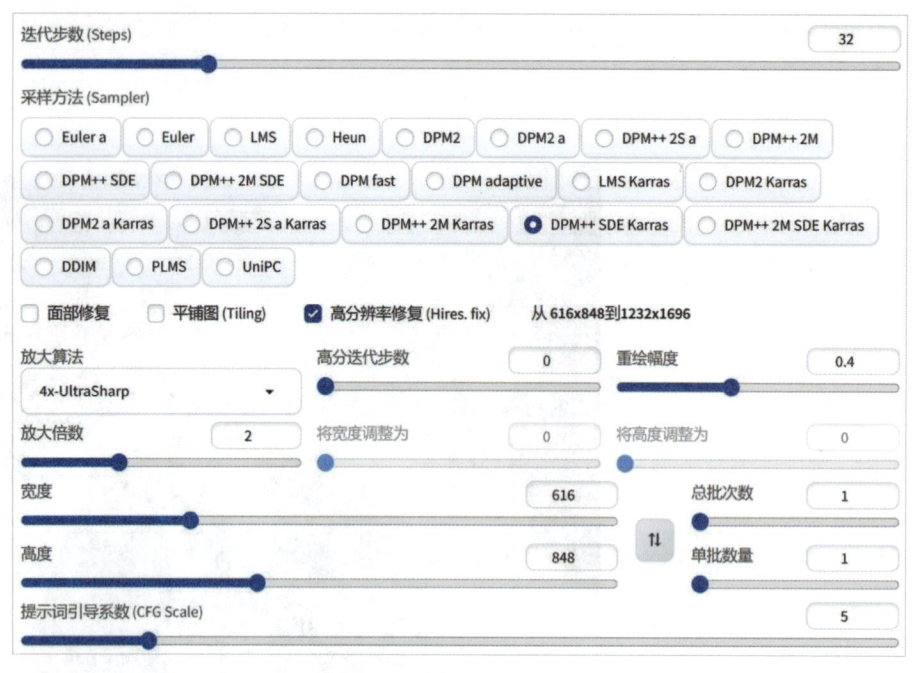

图 4.31

来看下面这段提示词。

提示词：best quality, meticulously crafted, high resolution, (drama: 1.5), [giant mecha: Chinese temples: 20], outdoor, overexposure,

翻译：最好的质量，精心制作，高分辨率，（戏剧：1.5），[巨型机甲：中国庙宇：20]，户外，过曝，

笔者运用了前文提到的能够控制提示词生成步数的语法。这段提示词"[giant mecha: Chinese temples: 20]"的意思是，在总的采样步数中，前20步生成"巨大机甲"这个形象，20步以后生成"中国寺庙"这个形象，生成的图片如图4.32所示。有没有感觉图片中机甲的形象很不一样，很有中国文化的感觉呢？画面中充满丰富的细节，比如机甲形象的肩部有很漂亮的装饰，小臂、胸部和腰间也很有中国甲胄的感觉，只有腿部保留了一点机械的痕迹。那么，这种效果是如何达到的呢？

要知道在使用方括号的语法的时候，不同的迭代步数的设置，决定了对应的提示词在画面中显现的程度。图4.33所示是6个不同的采样迭代步数生成的图片的对比。方括号内的两个提示词是"giant mecha"（巨大机甲）和"Chinese temples"（中国寺庙），里面的数字是控制巨大机甲的采样迭代步数。

图 4.32

[giant mecha : Chinese temples : 20] 　　[giant mecha : Chinese temples : 22] 　　[giant mecha : Chinese temples : 24]

[giant mecha : Chinese temples : 26] 　　[giant mecha : Chinese temples : 28] 　　[giant mecha : Chinese temples : 30]

图4.33

我们先看图4.33中左上角的图片，它对应的提示词是"[giant mecha: Chinese temples: 20]"，画面中没有机甲的形象，这是因为"giant mecha"这个词在画面中只生成了20步。20步之后，"Chinese temples"这个词的形象会在原图的基础上生成出来，也就是说，会在原图的基础上增加关于"Chinese temples"这个词所关联的图片特征，覆盖原来的关于机甲形象的特征。所以，在画面中可以看到，无论是建筑还是机甲的基本轮廓都是一样的，即使是建筑，从中也依稀能看到貌似机甲的四肢的形象。随着方括号内的迭代步数的逐渐增大，"Chinese temples"这个词对画面的影响力逐渐减小，机甲的形象才能慢慢地在画面中清晰起来。

回过头来再看图4.32，图片中出现如此丰富的效果的原因就是，"giant mecha"（机甲）的形象生成结束后，"Chinese temples"（中国寺庙）这个词的形象特征开始在图片中出现。回想一下你看过的中国寺庙，它们的细节是不是特别丰富呢？寺庙的细节随着机甲形象的生成结束被添加到画面中，使生成的图片的效果特别丰富又有中国风的感觉。

为了保持中国风和寺庙的感觉，我们将原本的机甲提示词赋予了红色，也就是将提示词做如下修改。

提示词：best quality, meticulously crafted, high resolution, (drama light:1.2), [red giant mecha: Chinese temples: 20], outdoor, overexposure

翻译：最好的质量，精心制作，高分辨率，（戏剧灯光：1.2），[红巨人机甲：中国庙宇：20]，户外，过曝，

可以看到，在生成的图片（见图4.34）中，机甲变成了红色，机械感更强，图片也更有气势。

目前来看，中国风的感觉减弱了很多，所以我们可以添加关键词"palace"（宫殿），来为画面增加中国风。

提示词：best quality, meticulously crafted, high resolution, (drama light: 1.2), [red giant mecha: Chinese temples: 20], palace, outdoor, overexposure,

翻译：最好的质量，精心制作，高分辨率，（戏剧灯光：1.2），[红巨人机甲：中国寺庙：20]，宫殿，户外，过曝，

图4.34

可以看到，在生成的图片（见图4.35）中，机甲身上的中国元素更多了。比如，机甲的肩膀处和头部的弯曲向上的金黄色结构，就很像中国宫殿中的飞檐，机甲的腿部像是宫殿中红色的柱子，整体非常有中国文化的气息。

因为图片中出现了飞檐的形象，所以还可以添加相关词汇去强化这种特征。我们将提示词修改如下。

提示词：best quality, meticulously crafted, high resolution, (drama light: 1.5), [red giant mecha: Chinese temples: 22], huge gold roof ridge, outdoor, overexposure

翻译：最好的质量，精心制作，高分辨率，（戏剧灯光：1.5），[红巨人机甲：中国庙宇：22]，巨大的金色屋脊，户外，过曝

图4.35

在生成的图片（见图4.36）中，机甲形象的肩膀处原本是飞檐的形象特征，现在变得更巨大了。整个机甲的形象也更加威武了，就像武士一样，非常帅气。

通过以上案例可以了解到，如果你对提示词的本质、特性和语法有充足的了解，做出好看的图像真的不用堆砌很多提示词。

图4.36

4.3 用AI来玩胶片摄影

上一节主要讨论了如何生成机甲，本节我们尝试用AI做出胶片摄影的效果。依然固定使用"chilloutmix_NiPrunedFp32Fix"这个大模型，不用任何LoRA和插件，同时使用下面的负提示词不变。

nsfw, (worst quality: 2), (low quality: 2), painting, sketches, ((monochrome)), ((grayscale)), (text), extra digit, fewer digits, logo, signature, watermark, mutated hands, waist shot, gross proportions, (thick joints: 2), (stumpy), grotesque face, (pigmented skin: 2), (red skin: 1.3), (extra limbs: 2), (malformed limbs), (bad anatomy: 2)

固定使用图4.37中的参数。

图4.37

先来看这一段提示词。

提示词：best quality, masterpiece, realistic, photographic, intricate details, 1 girl, solo, (full body: 2), (statuesque body: 1.5), gorgeous face, exquisite facial features, earrings, choker, (milky skin: 1.3), long skirt, flat shoes, smile, stand, outdoor, sunny day, (nature: 1.4), golden hour, Leica M10, 16K, HDR, highres, depth of field, (film grain: 1.6), bokeh, ISO 200

翻译：最好的质量，杰作，逼真，摄影，复杂的细节，一个女孩，一个人，（全身：2），（又高又美的身材：1.5），华丽的脸，精致的五官，耳环，颈圈，（牛奶肌：1.3），长裙，平底鞋，微笑，站立，户外，晴天，（自然：1.4），黄金时刻，徕卡 M10，16K，HDR，高分辨率，景深效果，（胶片颗粒：1.6），散焦，ISO 200

在提示词里笔者使用了很多摄影词汇，比如"golden hour"（黄金时刻）、"Leica M10"（徕卡相机）和"film grain"（胶片颗粒）等。最后生成的就是一张很有摄影感的图像（见图4.38）。

图4.38

但是画面中出现了很奇怪的雕像，这是因为形容身体的词是"statuesque"，它还有一个中文释义是"雕塑般的"，这个词我们给了它一个高权重，所以它的语义就泄露到了场景里。为了避免背景中出现雕像，我们将"statuesque"换成"exquisite"（雅致的），并且为了让画面中的色彩更加好看，更有胶片感，我们将"Leica M10"换成一个很有名的日系胶片风的滤镜"VSCO A7"。最后将提示词修改如下。

提示词：best quality, masterpiece, realistic, photographic, intricate details,1 girl, solo, (full body:2), (exquisite:1.5), gorgeous face, exquisite facial features, earrings, choker, (milky skin:1.3), long skirt, flat shoes, smile, natural poses, outdoor, sunny day, (nature: 1.4), golden hour, (VSCO A7: 1.5), 16K, HDR, highres, depth of field, (film grain: 1.6), bokeh, ISO 200

翻译：最好的质量，杰作，逼真，摄影，复杂的细节，一个女孩，一个人，（全身：2），（精致：1.5），华丽的脸，精致的五官，耳环，项链，（牛奶肌：1.3），长裙，平底鞋，微笑，自然的姿势，户外，晴天，（自然：1.4），黄金时段，（VSCO A7:1.5），16K，HDR，高分辨率，景深效果，（胶片颗粒：1.6），散焦，ISO 200

可以看到，生成的图像（见图4.39）的色调和上一张相比，确实变得更加有胶片的感觉，而且背景中的雕像也不见了。

根据这张图片的效果，我们还可以再强化画面的摄影感。比如加上"lens flare"（镜头光斑），这个词可以让画面产生光斑的效果；还可以加上"vignette"，让画面四周出现暗角。提示词整体调整如下。

提示词：best quality, masterpiece, high resolution, realistic, high detail RAW color photo, wallpaper,1 girl, solo, (full body:2), (exquisite body:1.5), gorgeous face, exquisite facial features, earrings, choker, long skirt, flat shoes, milky skin, (smile:1.5), (natural pose:1.5), outdoor, sunny day, (golden hour: 1.2), (VSCO: 2), 16K, HDR, highres, (grainy textures), bokeh, (lens flare), vignette, ISO 200

图4.39

翻译：最好的质量，杰作，高分辨率，逼真，高细节RAW彩色照片，壁纸，一个女孩，一个人，（全身：2），（精致的身体：1.5），华丽的脸，精致的五官，耳环，项链，长裙，平底鞋，牛奶肌，（微笑：1.5），（自然姿势：1.5），户外，晴天，（黄金时段：1.2），（VSCO:2），16K，HDR，高分辨率，（颗粒纹理），散焦，（镜头光斑），暗角，ISO 200

新生成的图片（见图4.40）的色调和光感更加高级，而且画面的边缘是渐渐变暗的，中心的女孩形象更突出了，很容易吸引观众的注意力。

其实生成的图片已经很完美了，但笔者觉得还可以对场景做一些操作。比如可以添加"water mist"（水雾）这个词，为了增加画面效果，还可以写上"Soft-focus"（柔焦）。将提示词修改如下。

提示词：best quality, masterpiece, high resolution, realistic, high detail RAW color photo, wallpaper,1 girl, solo, (full body:2), (exquisite body:1.5), gorgeous face, exquisite facial features, earrings, choker, long skirt, flat shoes, milky skin, (smile:1.5), (natural pose:1.6),outdoor, sunny day, (golden hour:1.2), (water mist:1.5),(VSCO:2),(Color Grading:1.5), 16K, HDR, highres, (grainy textures),bokeh,(Soft-focus:1.3), (lens flare), vignette, ISO 200

翻译：最好的质量，杰作，高分辨率，逼真，高细节RAW彩色照片，壁纸，一个女孩，一个人，（全身：2），（精致的身体：1.5），华丽的脸，精致的五官，耳环，项链，长裙，平底鞋，牛奶肌，（微笑：1.5），（自然姿势：1.6），户外，晴天，（黄金时段：1.2），（水雾：1.5），（VSCO:2），（颜色分级：1.5），16K，HDR，高分辨率，（颗粒纹理），散焦，（软焦：1.3），（镜头光斑），渐晕，ISO 200

可以看到，新的图片（见图4.41）显得十分柔和，高权重的"water mist"导致整个地面都变成了水，不过这样看起来效果也不错。

接下来，我们再加入rainbowing（彩虹效果）和"color grading"（颜色分级）这两个词，来为画面增加饱和度。提示词修改如下。

提示词：best quality, masterpiece, high

图4.40

图4.41

resolution, realistic, high detail RAW color photo, wallpaper, 1 girl, solo, (full body:2), (exquisite body:1.5), gorgeous face, exquisite facial features, earrings, choker, sling, mini skirt, flat shoes, milky skin, (smile:1.5), (natural pose:1.5), outdoor, sunny day, (golden hour:1.2), (water mist:1.5), rainbowing, (color grading:1.5), (VSCO:2), 16K, HDR, highres, (grainy textures), bokeh, (soft focus:1.3), (lens flare), vignette, ISO 200

翻译：最佳品质，杰作，高分辨率，逼真，高细节RAW彩色照片，壁纸，一个女孩，一个人，（全身：2），（精致的身体：1.5），华丽的脸庞，精致的五官，耳环，颈链，吊带，迷你裙，平底鞋，牛奶肌，（微笑：1.5），（自然姿势：1.5），户外，晴天，（黄金时段：1.2），（水雾：1.5），彩虹效果，（颜色分级：1.5），（VSCO：2），16K，HDR，高分辨率，（颗粒状纹理），散景，（柔焦：1.3），（镜头光晕），晕影，ISO 200

可以看到，调整后的图片（见图4.42）的饱和度明显增加了，而且画面中的光感也增强了，空气中出现了小光点，使画面有种微尘涌动的感觉。

我们还可以再做一些场景和光感上的设置。继续调整提示词，将其修改为如下样式。

提示词：best quality, masterpiece, high resolution, realistic, high detail RAW color photo, wallpaper,1 girl, solo, (full body:2), (exquisite body:1.5), gorgeous face, exquisite facial features, earrings, choker, long skirt, flat shoes, milky skin, (laughter:1.5), (natural pose:1.5), (clean sky), grassland, rivers, mountainous horizon, (golden hour: 1.2), rainbowing, (color grading: 1.5), (VSCO: 2), 16K, HDR, highres, (grainy textures), bokeh, (soft focus: 1.3), (lens flare: 1.5), Lens Spot, vignette, (white balance: 1.2), (Glow: 1.5), (Scratches: 1.5), ISO 200

图4.42

翻译：最好的质量，杰作，高分辨率，逼真，高细节RAW彩色照片，壁纸，1女孩，一个人，（全身：2），（精致的身体：1.5），华丽的脸，精致的五官，耳环，项链，长裙，平底鞋，牛奶肌，（笑声：1.5）（自然姿势：1.5），（晴朗的天空），草原，河流，山地地平线，（黄金时段：1.2），彩虹效果，（颜色分级：1.5），（VSCO:2），16K，HDR，高分辨率，（颗粒纹理），散焦，（柔焦：1.3），（镜头光斑：1.5），镜头光斑，渐晕，（白平衡：1.2），（光晕：1.5），（划痕：1.5），ISO 200

可以看到，生成的图片非常高级（见图4.43），远山和天空形成了很有美感的分割，虽然人物的手指发生了崩坏，但整体上有一种时尚大片的感觉。

图 4.43

这张图片的质量已经非常好了，可以看到，我们就是这样一步步地对提示词的效果进行测试，最终达到目的。

最后附上笔者生成图 4.21 时使用的提示词。

提示词：best quality, meticulously crafted, high resolution, (drama light:1.2), [red giant mecha: Chinese temples: 20] , outdoor, overexposure

翻译：最佳品质，精心制作，高分辨率，（戏剧光：1.2），[红色巨大的机甲：中国寺庙：20]，户外，过度曝光

其实想生成优秀的视觉效果，只要技巧得当，真的用不了多少个词。在这里，笔者只是用了一个很简单的"控制提示词生成的步数"的提示词语法，将红色巨大的机甲与中国寺庙的形象结合在一起，就形成了非常丰富的视觉形象。

因此，提示词真的很重要，需要我们精雕细琢。大家不妨想一下，难道只能用提示词生成图片吗？据笔者所知，提示词还可以生成音乐、视频、3D 模型等。本章笔者展现的是一种与 AI 通过提示词打交道的思路，一种习惯，养成这种习惯，才能更好地与人工智能进行生活和工作上的协作，提高我们的竞争力。

第5章

利用ControlNet模型控制画面生成

5.1 ControlNet模型的工作方法

在ControlNet出现之前，AI绘画被视为一个有趣但不够实用的工具。艺术家们在使用AI绘画时，常常感到束手束脚，因为它缺乏足够的控制能力。每一次的绘画都像是开启一个未知的盲盒，结果充满了不确定性，这种不可控的特性让AI绘画在实际应用中受到了限制。但是，ControlNet模型的出现改变了这一切，这个模型能通过输入参考图片来精准控制AI绘画的效果。这种模型有很多种，每一种都有其独特的功能。有的可以控制画面的结构，有的可以控制人物的姿势，还有的可以控制图片的画风，这一切都为提高绘画质量和提升生图速度带来了巨大的帮助。基于ControlNet模型的能力，我们才可以将AI绘画拓展到更多的应用场景，比如艺术、二维码、光影文字、线稿上色、老照片修复、图片风格转绘等。同时，ControlNet模型的强大控制能力甚至促使其他开发者创造出了新的插件，使AI绘画实现了重大的技术跨越。因此，ControlNet是一个非常重要的模型，它在AI绘画过程中是必不可少的。

作为初学者，我们必须通过插件使用它。需要在GitHub网站搜索"sd-webui-controlnet"（以下简称ControlNet插件），进入它的项目主页，然后复制它的安装网址（见图5.1），使用我们在第3章中提到的方法进行安装。

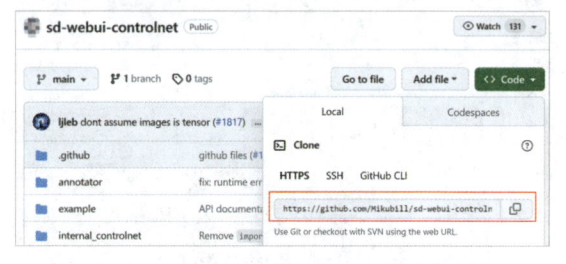

图5.1

安装成功后，来到文生图页面，向下滑动，就可以看到ControlNet插件页面了，如图5.2所示。

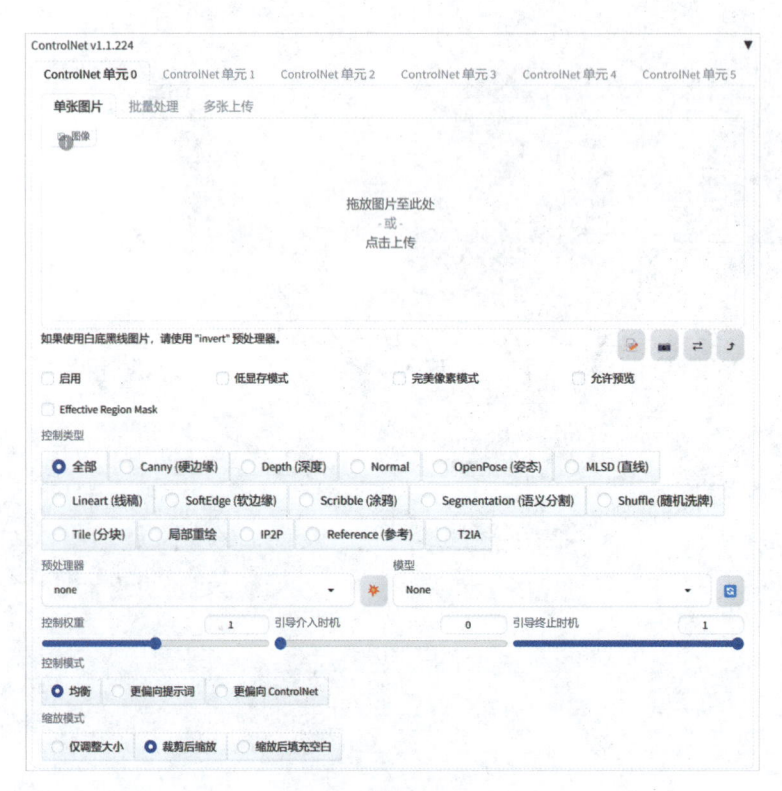

图5.2

当然，光有ControlNet插件还不够，我们要知道这个插件其实会用到两种不同的模型，分别是预处理器模型和我们刚才提到的ControlNet模型，其中的ControlNet模型需要单独下载。下载网站是Hugging Face，我们来到这个网站，在里面搜索"ControlNet"，就能来到模型文件下载页面（见图5.3）。下面有很多模型，我们只下载后缀名为".pth"的文件就好。

这些模型文件都很大，需要耐心等待。下载好后，一定要找到这个路径"根目录\extensions\sd-webui-Controlnet\models"，将所有的模型放到这里面才行。至于预处理器模型，会在使用的时候在后台自动下载。我们可以在"根目录\extensions\sd-webui-Controlnet\annotator\downloads"内，找到系统自动下载好的预处理器模型。

可以发现，ControlNet模型文件的命名都是很有规律的，从其命名方式（见图5.4）中我们可以获得很多信息。比如，它们通常以"control"开头，代表官方模型，后面跟着的是模型版本，版本后面是代表模型完成度的字母，再后面是能够适应的stablediffusion模型的版本，然后是这个模型的功能和后缀。

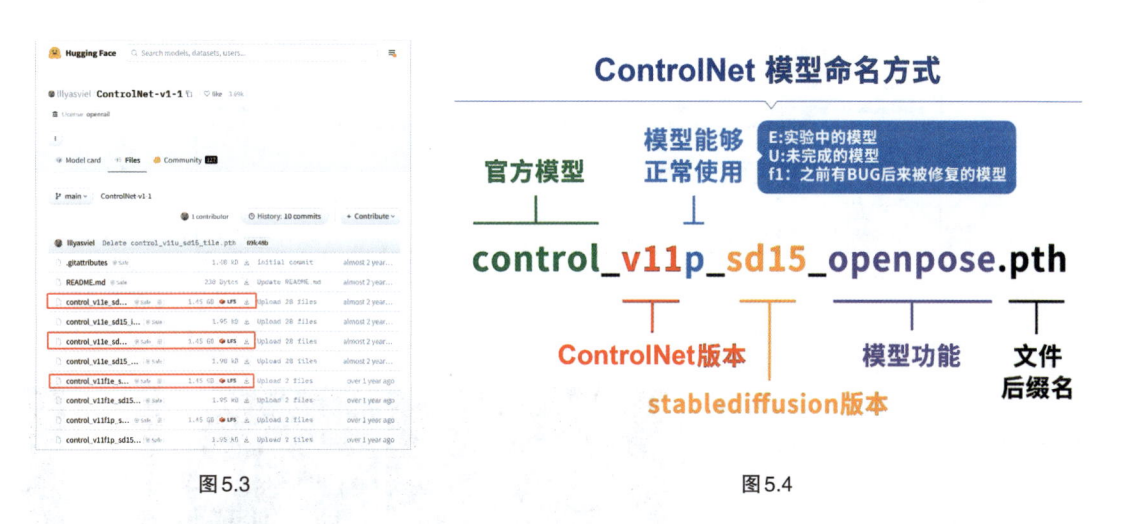

图5.3　　　　　　　　　　　　　　　　图5.4

ControlNet模型的作用是识别图片的特征。要知道，每张图片都有自己的特征，比如说轮廓特征、光影特征、凹凸特征或空间特征等。ControlNet可以先识别参考图片中的某一个特征，再将这种特征还原到新生成的图片上，以此来达到控制生成图片的目的。ControlNet模型的分类依据是它具体能够捕捉哪一类特征，所以每一张图片的特征都对应着某一个ControlNet模型。而每一个ControlNet模型都对应着一个或几个预处理器模型，所以可以将预处理器模型（以下简称预处理器）理解为捕捉某一类特征的"预设"。

具体的关于模型与特征的讲解会在下文呈现，接下来先看看ControlNet插件的界面功能及具体操作。

5.2　ControlNet插件的界面

ControlNet插件的界面（见图5.5）设计得相当直观，分为4个主要区域，每个区域都有特定的功能和设置方法。

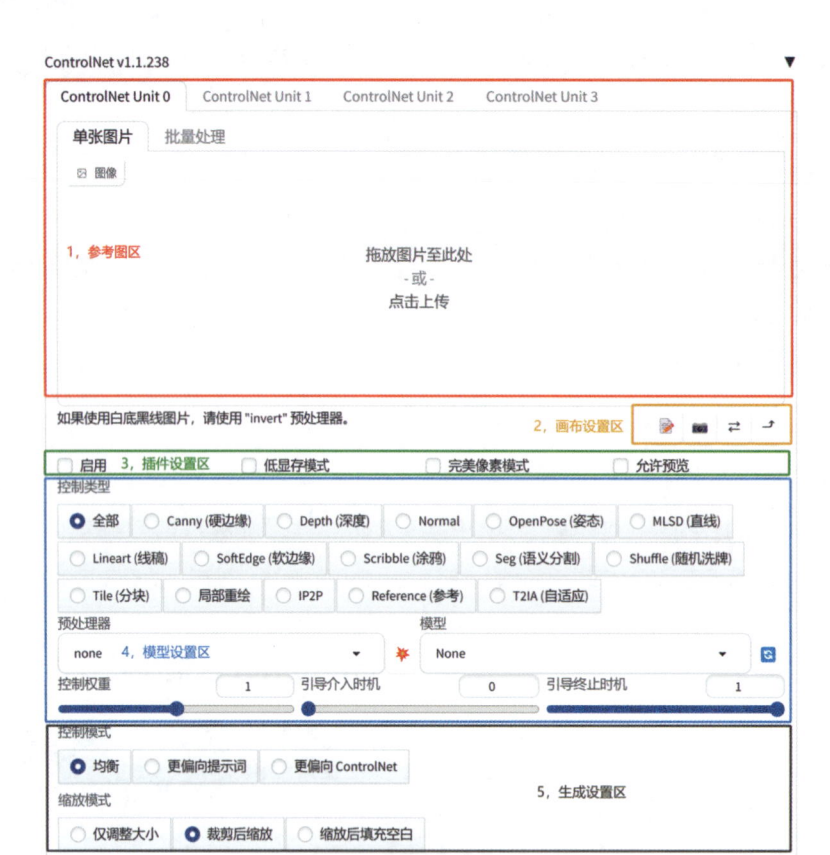

图 5.5

1. 参考图区

在此区域的上方可以看到多个ControlNet单元，每个单元都可以影响生成的图像的特定方面。需要注意的是，使用的单元越多，生成图片的速度就会越慢，但是对画面的控制力就越强。

单元栏的下方区域允许用户上传一张参考图片。ControlNet插件会根据当前选择的"控制类型"，从参考图片中提取特定的特征信息，这将作为AI绘画的基础，引导算法按照特定的方式生成新的图片。例如，传一张人物图（见图5.6），选择OpenPose模型，最终输出的图像（见图5.7）将复刻上传图片中人物的姿势。

图 5.6   图 5.7

2. 画布设置区

画布设置区主要由4个按钮构成（见图5.8），从左到右依次是：画布设置、相机调用、相机反转、尺寸上传。

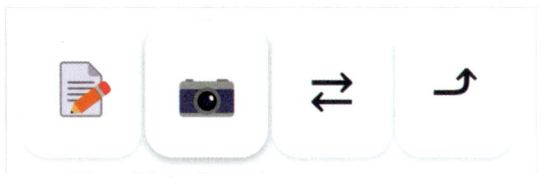

最左边是画布设置按钮。单击它，会弹出一个画布设置选项栏（见图5.9），调整尺寸大小后，单击"创建新画布"按钮，会新建一个画布。

图5.8

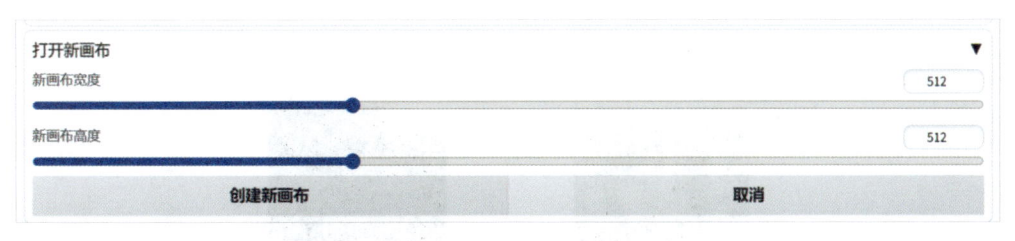

图5.9

在画布上可以用画笔进行涂鸦。画布的右侧有几个按钮（见图5.10），可以撤销上一步操作、清空画面、关闭画布及调整画笔粗细。ControlNet插件将使用画布中的内容作为生成图片的参考。

图5.8左侧第二个按钮是相机调用。单击它，会调用电脑的摄像头，用摄像头捕捉的画面作为生成图片的参考图。

图5.8左侧第三个按钮是相机反转按钮。它可以让电脑摄像头捕捉的画面反转过来，这个功能只有单击第二个按钮后，也就是调用电脑摄像头后才能生效。

本区域最后一个按钮是尺寸上传按钮。单击它，可以将用作参考图的图片尺寸上传到生成图片的尺寸调整区域（见图5.11），从而让生成的图片尺寸和参考图片保持一致。

图5.10

图5.11

3. 插件设置区

插件设置区有4个可以勾选的复选框（见图5.12）。其中第一个复选框是"启用"，不勾选，当下的这个ControlNet单元就无法发挥作用。

图5.12

第二个复选框是"低显存模式"，这个复选框只有当显卡的显存大小低于6GB的时候才可以被勾选。

勾选后会降低显存使用量，但是会延长生成图片的时间。

第三个复选框是"完美像素模式"。如果上传的参考图片和生成图片尺寸不符，那么参考图片会被压缩，导致生成的图片质量偏低。勾选这个复选框，会让参考图片自动适应生成图片的尺寸。所以，建议每次使用ControlNet插件的时候都勾选这个复选框。

第四个复选框是"允许预览"。勾选这个复选框，参考图区右侧会出现一个新的区域，这里可以进行预处理结果预览。所谓的预处理结果预览，就是展示ControlNet插件提取到的参考图片的特征，比如参考图片的边缘轮廓（见图5.13）等。

图5.13

4. 模型设置区

这个区域（见图5.14）是ControlNet插件的核心。用户可以选择不同的控制类型和模型，以实现各种绘画效果。每个模型都有其特定的应用场景和效果，用户可以根据需要进行选择。

图5.14

首先是最上方的"控制类型"区域，它涉及ControlNet模型类型的选择和预处理器的应用，这两者是决定AI绘画输出质量和风格的关键因素，它们可以从参考图片中提取特定的特征信息，作为生成图片时ControlNet模型的输入参数。这确保了生成的图片能够准确反映参考图片的特点，实现艺术家的创意目标。ControlNet提供了多种控制类型，每种都经过精心设计，以实现特定的效果和风格。用户可以根据特定的应用场景选择不同的控制类型，还可以通过组合不同的控制类型，创造出独特的效果。另外要注意，一个ControlNet单元只能用一个控制类型。

控制类型下面是预处理器和模型。如果在上面的控制类型里选择了某一个类型，比如选择了SoftEdge（软边缘），那么预处理器和模型会自动选择相应的选项（见图5.15），不需要手动选择。

如果手动在预处理器和模型的下拉菜单中进行选择，会弹出非常多的模型选项（见图5.16），难以有效率地进行选择，所以最好是在上方的控制类型里进行选择。

图5.15

图5.16

图5.17

在预处理器和模型的下拉菜单之间有一个爆炸的图标（见图5.17）。如果选择好预处理器和模型再单击这个爆炸图标，则会在参考图区的右侧出现预处理结果预览（见图5.13），同时会将设置区中的允许预览按钮自动打开。这个功能为用户提供了各个模型功能的直观反馈，帮助用户更好地理解每种类型的特点和效果，从而做出明智的选择。

在预处理器和模型的下方有三个可以设置的参数滑条，分别是控制权重、引导介入时机和引导终止时机。

"控制权重"决定了ControlNet模型在生成图片时的权重。降低这个权重，ControlNet模型对绘图的约束就会变弱，也就是说，生成的图片越不像参考的图片。

"引导介入时机"决定了生成图片时ControlNet模型介入的时机。这个值越小，ControlNet模型对生成图片的约束力就越强。通常选择"0"，以让ControlNet模型在一开始就介入图片生成流程。

"引导终止时机"决定了ControlNet模型退出绘制的时机。这个值越大，ControlNet模型对生成图片的约束力就越强。通常选择1，代表ControlNet模型在生成图片的最后一步才退出对生成图片的引导。

假如"引导介入时机"的值是0.2，"引导终止时机"的值是0.75，那么ControlNet模型在图片生成进程达到20%后才开始对生成的图片进行引导，在生成图片的进程达到75%后，便退出了引导。

5. 生成设置区

生成设置区分为两个参数区域，分别是控制模式和缩放模式。

控制模式下有3个参数，分别是均衡、更偏向提示词和更偏向ControlNet，它们表示ControlNet模型对于生成图片的影响程度（见图5.18）。"均衡"意味着提示词和ControlNet模型对生成图片的影响力是均衡的，"更偏向提示词"意味着ControlNet模型的影响力要低于提示词，而"更偏向ControlNet"是指画面基本上按照ControlNet模型的指引进行生成。通常选择"均衡"，不过笔者建议大家根据输出图像的需求主观调整这些选项。

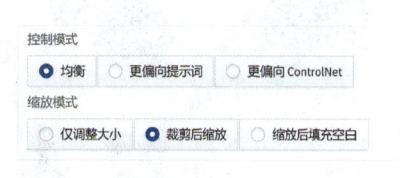

图5.18

缩放模式则决定了当参考图与要生成的图片尺寸不一致时，如何处理拉伸和变形的问题。

这里建议只选择"裁剪后缩放"，因为其他的选项会带来图片尺寸的变化，或者导致图片中出现意外的元素等问题。

5.3 ControlNet的各种模型

ControlNet模型的作用是根据预处理器所提取到的参考图片中的某一特征而生成相似特征的图片。我们看到图5.19中的模型，比如Canny（硬边缘）或Tile（分块），这些都属于ControlNet模

图5.19

型中的一种，因此在下文中我们在提到不同的ControlNet模型时，会直接写它的种类名称，比如Canny模型，而不会将其描述为ControlNet模型中的Canny模型，因为两者的概念是一样的。这些不同种类的ControlNet模型所针对的特征不同，所以这个区域是整个插件的灵魂，本节我们会针对每种ControlNet模型做详细介绍。

1. Canny模型

Canny（硬边缘）模型是一种根据图片的边缘特征而去生成与之相似图片的模型。

要使用这个模型，需要先上传任意一张参考图片（见图5.20），然后在控制类型中选择"Canny"（硬边缘），下方的预处理器和模型就会被自动选择好。之后单击两者中间的爆炸图标，就能在预处理结果预览中得到参考图片的边缘轮廓特征引导图片，也就是Canny图（见图5.21）。Canny模型就是根据这张图来对生成画面进行引导的。

图5.20

图5.21

之后再写一些正提示词（见图5.22），比如"一个美丽的女孩，裙子，微笑，独奏，（长发），户外，最好的质量，杰作"，就可以单击"生成"按钮生成图片了。

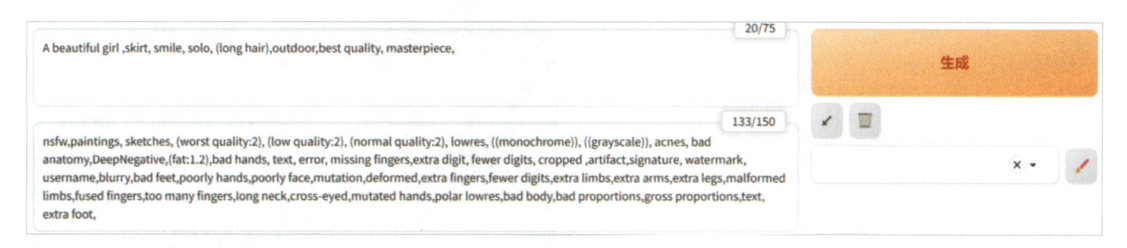

图5.22

可以看到，生成图片（见图5.23）的构图、人物的轮廓与参考图片是类似的。

在模型的下方，有两个新的参数"Canny Low Threshold"和"Canny High Threshold"（见图5.24）。这两个参数可以控制Canny图中线条的疏密（见图5.25）。不同的线条疏密程度对生成图片的作用也不一样，通常来说较少的线条会让生成的图片更加自由，较多的线条会让生成的图片更加接近参考图。默认情况下，"Canny Low Threshold"的值为100，"Canny High Threshold"的值为200。

图5.23

图5.24

图5.25

2. Depth模型

Depth（深度）这个模型顾名思义，能够根据参考图片的深度信息，也就是所谓的空间信息，去生成相似空间深度的图片。值得一提的是，这个模型所对应的预处理器有4个（见图5.26）。

每个预处理器提取的深度信息都不同。我们可以用图5.27作为参考图片，来比较不同的预处理器生成的Depth图片和其生成图片。

图5.26

图5.27

如图5.28所示，我们可以观察到使用depth_zoe（ZoE深度图估算）生成的Depth图中，前景被描绘成了较亮的颜色，而后景被描绘成了较暗的颜色，根据亮暗颜色对比可以得知，这个预处理器的作用是让参考图片深度信息中的前后景分隔得比较大。而depth_midas（MiDaS深度图估算）生成的Depth图中前后景的对比就稍弱一些，depth_leres++（LeReS深度图估算++）和depth_leres（LeReS深度图估算）就更弱了。

图5.28

在Depth图的下方还有相应的生成图片，可以观察到，随着不同的Depth预处理器所采集的参考图的空间深度信息的不同，生成的图片也不同，所以在实际使用时可以根据需求进行灵活搭配。

另外，在选择depth_leres++和depth_leres预处理器后，下方会比depth_zoe和depth_midas多出两个可选择的参数（见图5.29）：近景排除和背景排除。

这两个参数可以控制前景和后景的识别力度，从而识别出不同的特征，依据不同的特征生成不同的图片，图5.30中很清晰地呈现了这种对比关系。可以看出，近景排除和远景排除这两个参数的作用是对近景和远景中的细节进行筛选。比如当近景排除达到50%的时候，近景中的物体已经变成了一个剪影，没有丝毫细节，生成的图像中也没有参考图片（见图5.27）中的前景的任何细节。而近景排除是0%、远景排除达到50%的时候，前景的细节得到了充分保留，背景则变得毫无细节，生成图像的背景也没有参考图片（见图5.27）中背景的任何特征。至于近景排除和远景排除都是50%的情况下，得到的Depth图片只有近景和远景的轮廓线，生成的图片基本上不带有任何参考图片（见图5.27）的影子。

图5.29

图5.30

所以，这两个参数可以让用户很方便地选择想要保留的前景和远景，进而生成不同的图片。

3. Normal模型

Normal（法线）模型在ControlNet插件里能够处理的特征是图片中凹凸起伏的关系和画面元素的体积。在图5.31中，右侧的图片就是左侧原图的法线图，法线图能明显地体现原图中的凹凸信息。

Normal的预处理器有两个：normal_bae（Bae法线贴图提取）和normal_midas（Midas法线贴图提取），如图5.32所示。这两个预处理器能够分别提取不同的凹凸特征。

图5.31

以图5.33为参考图，使用同一组提示词"a glasss toy, best quality, masterpiece"（玻璃玩具，最好的质量，杰作），分别测试不同预处理器的出图效果。

在图5.34中，我们可以看到不同的预处理器得到的Normal图是不一样的，使用normal_bae得到的Normal图倾向于表现整体的凹凸关系，而使用normal_midas得到的Normal图表现的是前景和后景的切割关系。所以，它们生成的图片也就大不一样，我们可以看到由normal_bae生成的图片可以很好地把控画面整体的关系。

图5.32

图5.33

图5.34

选择normal_midas后，会在下方出现一个新的参数Normal Background Threshold（见图5.35），这个参数就是控制前景和背景的识别程度的选项。

如图5.36所示，上面一排是Normal Background Threshold这个参数的值由0到0.8生成的图片。我们可以很清晰地看到，数值越大，对于背景的舍弃就越多，因此生成图片也就越不一样。不过总体而言，normal_midas的图片质量不如normal_bae。

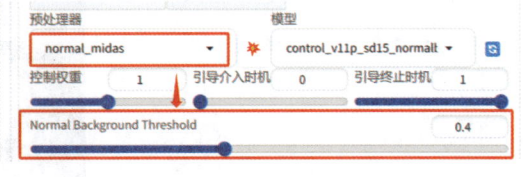

图5.35

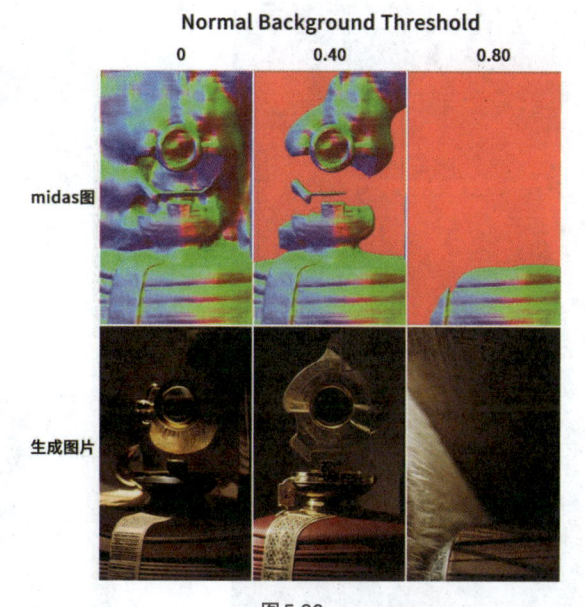

图 5.36

4．OpenPose 模型

OpenPose（姿态）模型在 ControlNet 插件里的功能是通过参考图片中的人体的动态信息，去生成相似动态的人物图片。在图 5.37 中，可以很直观地看到左侧是原图，右侧是生成的 OpenPose 图，两者是很匹配的。

图 5.37

从图 5.37 中可以看到，其实所谓的 OpenPose 图是由不同颜色的点和线组成的，这些点和身体的对应关系如图 5.38 所示。还可以将图 5.37 中的左右两张图叠加在一起（见图 5.39），这样能更清晰地看到各个点和关节的对应关系。

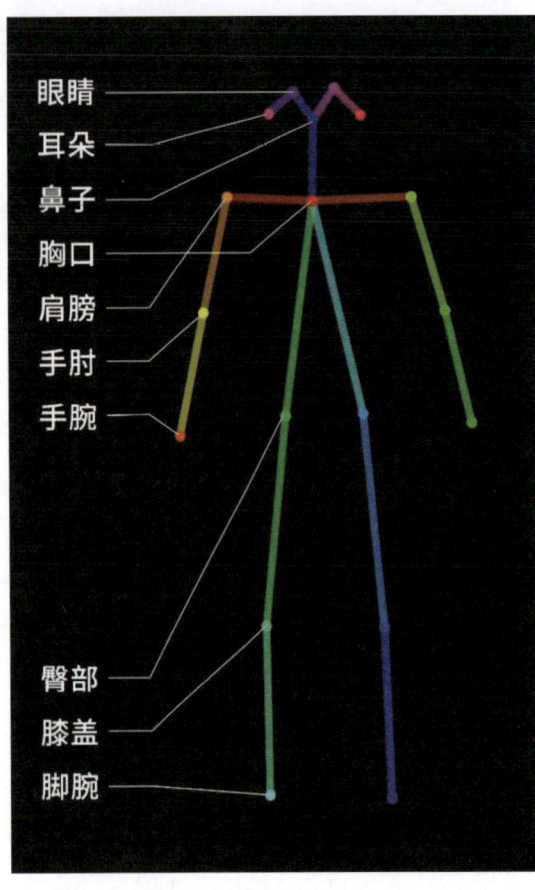

图5.38　　　　　　　　　　　　　　　图5.39

根据不同实际需求，OpenPose设置了6个不同的预处理器（见图5.40）。dw_openpose_full（二阶蒸馏-全身姿态估计）可以探测全身的动态，包括手指的动态和面部的动态，效果比较准确。openpose（OpenPose姿态）可以探测人体的大动态，但无法探测更细节的手部动作等。openpose_face（OpenPose姿态及脸部）不仅可以检测到人体大动态，还能检测到面部的动态，但是无法检测到手部动态。openpose_faceonly（OpenPose仅脸部）只能检测脸部，其他什么也检测不到。openpose_full（OpenPose姿态、手部及脸部），可以检测全身动态、手和脸的细节，但是效果不如第一个预处理器dw_openpose_full（二阶蒸馏-全身姿态估计）准确。openpose_hand（OpenPose姿态及手部），只能检测大动态和手部动态。

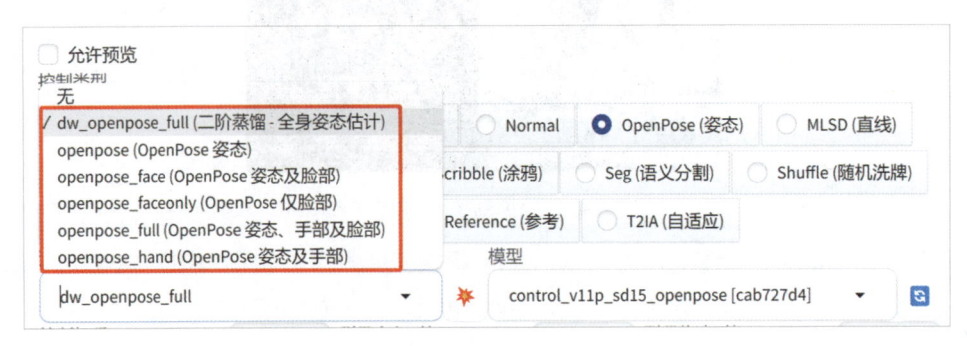

图5.40

如图5.41所示，利用不同的预处理器能够生成不同的图片，所以要根据实际需求来使用不同的预处理器，不过最常用的是dw_openpose_full和openpose这两个。

图5.41

5. MLSD模型

MLSD（直线）模型是用来提取画面中的线条特征的，但是与Canny不同，如图5.42所示，它根据左侧画面中建筑的直线特征去生成图像，所以我们在右侧生成的特征引导图片里只能看到很多条直线。这种特性意味着MLSD比较适合用来生成建筑或室内的图片，因为这两个场景都是直线比较多。

图5.42

MLSD模型只有一个预处理器，但是下面却有两个参数：MLSD Value Threshold和MLSD Distance Threshold。其中MLSD Value Threshold（见图5.43）最重要，它可以控制检测到的直线的数量。该数值越低，检测到的直线数量越多，越高则越少。

图5.43

如图5.44所示，在提示词和特征引导图片相同的情况下，不同的MLSD Value Threshold参数可以生成不同的图片。总体来说，就是特征引导图片中的线条越少，生成图片的自由度越大；特征引导图片中的线条越多，生成图片越接近特征引导图片。

图5.44

6. Lineart模型

Lineart（线稿）模型也是用来检测画面中的线条的，它既能检测到直线也能检测到曲线，但是和Canny并不完全相同。从图5.45中可以看到，Canny检测到的线条总是粗细一致，但是Lineart检测到的线条很有手绘的感觉。

图5.45

Lineart一共有6个预处理器，如图5.46所示。

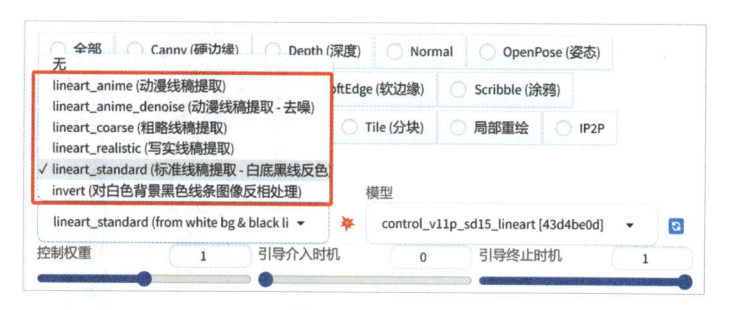

图 5.46

  lineart_anime（动漫线稿提取）主要用来提取二次元图片或动漫图片上的线条特征。lineart_anime_denoise（动漫线稿提取 – 去噪）同样是用来提取二次元图片的，但是会自动忽视一些噪点，所以提取到的特征图片会比lineart_anime显得更加干净，线条轮廓信息也更少一些。lineart_coarse（粗略线稿提取）可以提取到较为稀疏的线条轮廓信息。lineart_realistic（写实线稿提取）用来提取写实图片的效果很好。lineart_standard（标准线稿提取 – 白底黑线反色）既可以用来提取参考图片中的线条轮廓，也可以让一张白底黑线的图片转化为黑底白线。最后一个是invert（对白色背景黑色线条图像反相处理），这个预处理器不能提取线条轮廓，只能起到将图片进行反色的作用。

  如图5.47所示，不同的预处理器的效果不一样，总体来说，lineart_anime和lineart_standard这两个预处理器的效果最好。

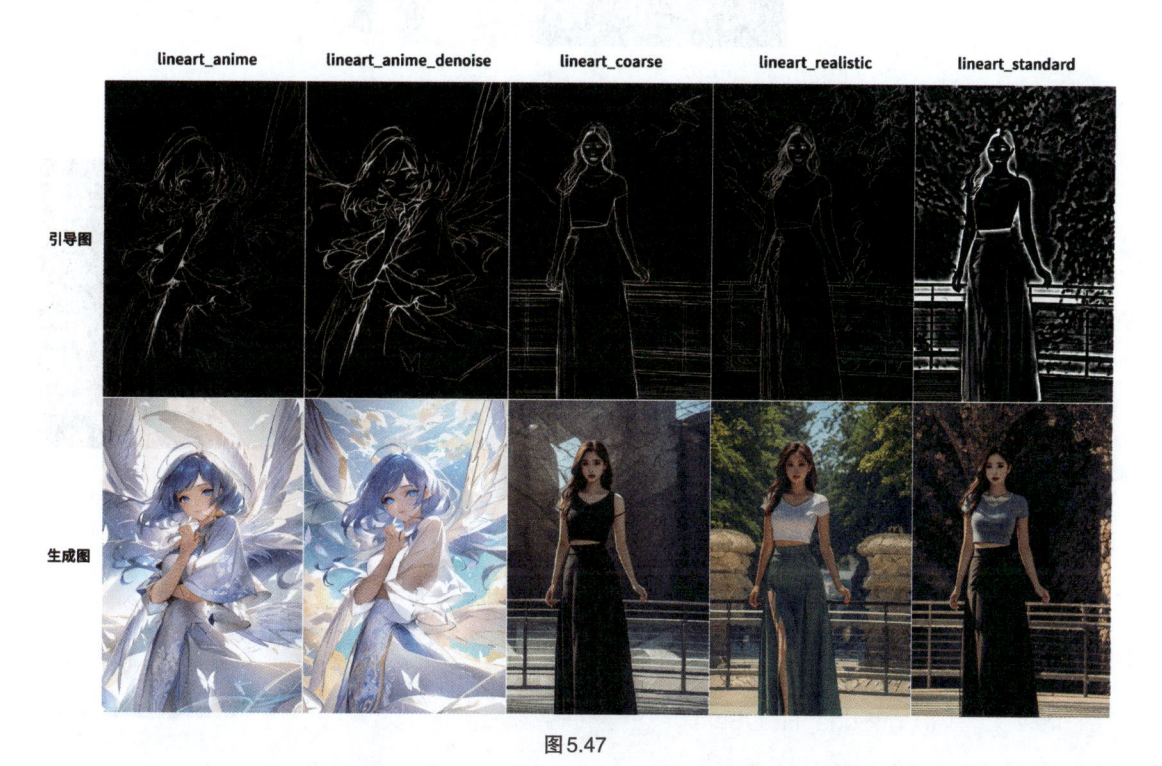

图 5.47

  图5.48所示是关于lineart_stand-ard和invert这两个预处理器的反色效果的对比图片。lineart_standard和invert都可以让一张白底黑线图转化为黑底白线图，但只有invert才能对一张照片中的色彩进行反色处理。

089

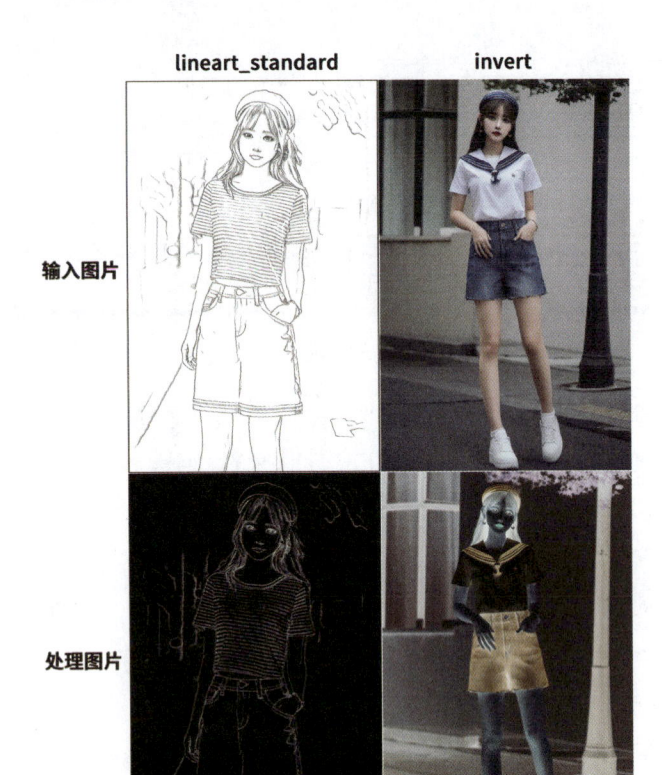

图5.48

7. SoftEdge模型

SoftEdge（软边缘）模型是很常用的线条类的模型，它和Canny或Lineart相比（见图5.49），线条更加粗犷，所以可以忽略一些不重要的细节，从而对画面有一个更整体的把控，是笔者很喜欢使用的一个模型。

SoftEdge有4个预处理器（见图5.50），可以分成两类。第一类是SoftEdge_HED（软边缘检测-HED）和SoftEdge_HEDSafe（软边缘检测-保守HED算法），这两个预处理器提取的特征比较多，其中SoftEdge_HEDSafe预处理器在碰到参考图片中有过分裸露的情况下可以将其自动屏蔽掉。第二类是SoftEdge_PiDiNet（软边缘检测-PiDiNet算法）和SoftEdge_PiDiNetSafe（软边缘检测-保守PiDiNet算法），它们检测的特征比较少，其中SoftEdge_PiDiNetSafe也可以将图片中过分裸露的地方屏蔽掉。

图5.49

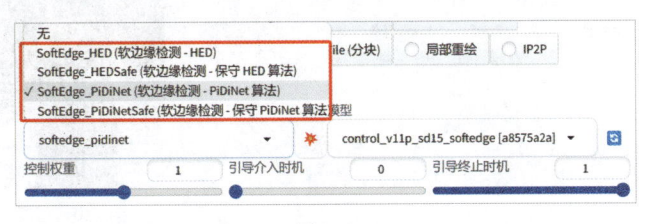

图5.50

因为同类别下的两个预处理器功能接近，所以图5.51中只展示SoftEdge_HED和SoftEdge_PiDiNet的生成图效果对比。

图5.51

8. Scribble模型

Scribble（涂鸦）模型同样是一个依据线条特征而生成图片的模型，但是相较于Canny、Lineart和SoftEdge来说，它可以根据更少的线条引导图（见图5.52）去输出同样丰富的图片，这种特性也使得在生图过程中很好地保留了AI的想象力。

Scribble总共有4个预处理器（见图5.53），功能都差不多。按照提取的线条轮廓信息的数量由多到少来排名，scribble_xdog（涂鸦-强化边缘）是最多的，scribble_hed（涂鸦-整体嵌套）次之，scribble_pidinet（涂鸦-像素差分）是最少的。invert的作用是将一张图片中的黑白信息进行相反转换，比如将白底黑线的画面转换为黑底白线的画面。

图5.52

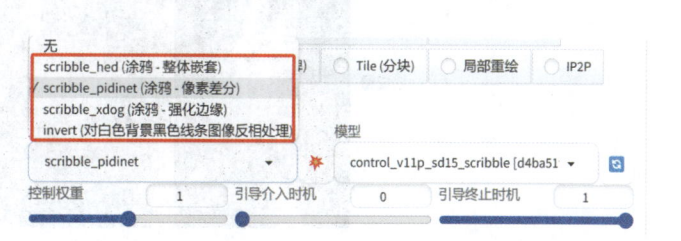

图5.53

由于invert并不直接从画面中提取特征，所以不做具体讨论和效果展示。

如图5.54所示，不同的预处理器输出的图片效果也不同。

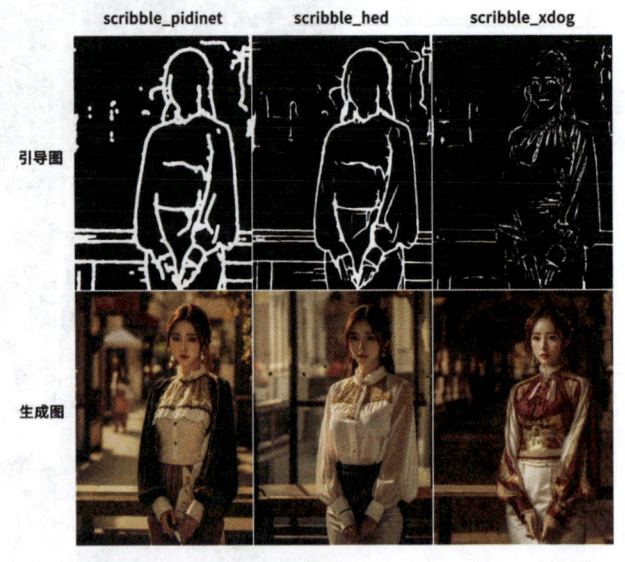

图5.54

在Scribble的诸多预处理器中，只有scribble_xdog是有可调节参数的。XDoG Threshold（见图5.55）决定了scribble_xdog探测的线条轮廓特征的数量。

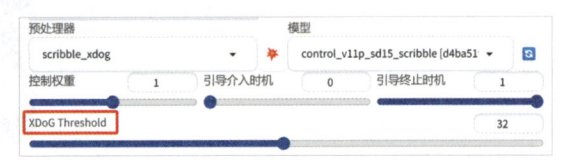

图5.55

从图5.56中可以很直观地看到，XDoG Threshold的数值越小，提取到的轮廓特征越多，反之越少。由不同数量的轮廓特征引导生成的图片效果也不一样。

图5.56

9. Seg模型

Seg（语义分割）模型是一个较为特殊的模型，它能够很好地根据特征引导图片中的不同颜色去生成对应的物体。如图5.57所示，左侧是参考图片，右侧是与之对应的特征引导图片，其中有代表不同元素的各种剪影。Seg模型和其他模型相比，更加注重各个元素的轮廓形状而不是形状里面的内容。

这个模型有三个预处理器（见图5.58）：seg_ofade20k(语义分割-OneFormer算法-ADE20k协议)、seg_ofcoco（语义分割-OneFormer算法-COCO协议）和seg_ufade20k（语义分割-UniFormer算法-ADE20k协议）。

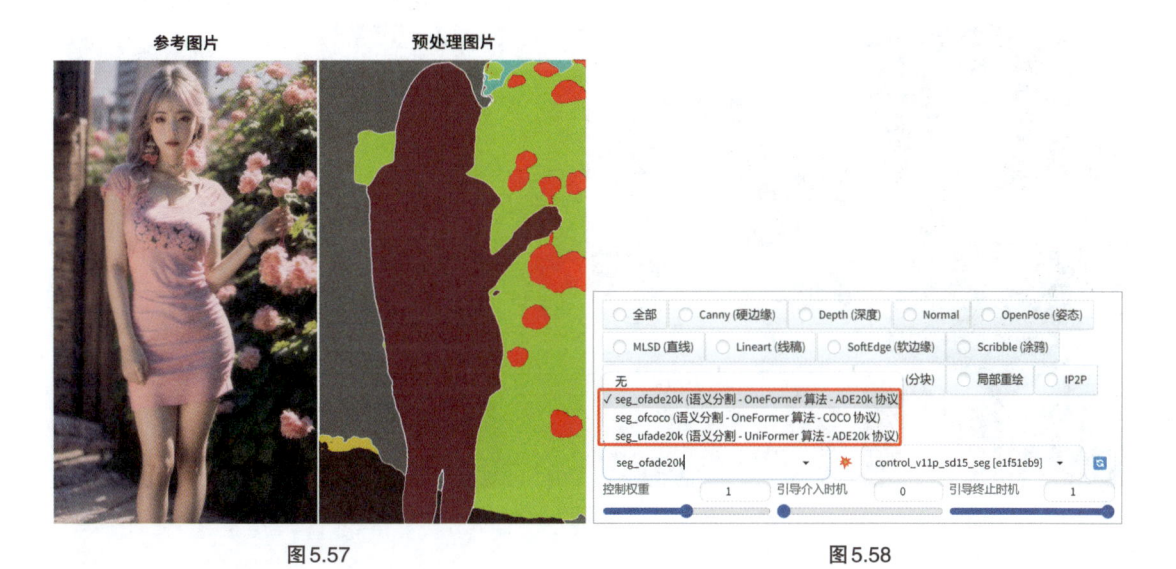

图5.57

图5.58

这三个预处理器功能都一样，只是在分割的精细度上有细微的不同，所以使用不同的预处理器生成的图片也不太相同（见图5.59），推荐使用处理细节最好的seg-ofade20k。

图5.59

可以发现，预处理过后生成的图片中，代表不同元素的每个区域的颜色都不一样。这是因为不同的颜色色值与不同的元素有严格的对应关系，这种对应关系在本书的赠送文件中可以找到。

10. Shuffle模型

如图5.60所示，Shuffle（随机洗牌）模型可以将参考图片中的细节打散，得到预处理后的图片，然后将打散的细节分布在生成的图形中，使最新生成的图片中保留参考图片的色调或其他细节。这个模型的效果其实比较有限，而且随机性强，只有一个预处理器。

图5.60

11. Tile模型

Tile（分块）模型的功能很强大，它可以将参考图片先进行向下采样，然后再用向下采样后的图片作为参考图，从而为生成的图片带来非常丰富的细节。如图5.61所示，输入一张非常模糊的猫的参考图片，它的尺寸只有100像素×147像素。然后在正提示词的区域写上很简单的"a cat,outdoor"（一只猫，户外），就能够得到一张非常清晰同时细节非常丰富的猫的图片。使用Tile的情况下，提示词的数量一定要精简一些，才能够得到很好的效果。

Tile有三个预处理器，分别是tile_resample、tile_colorfix和tile_colorfix+sharp，每个预处理器下面都有相应的可以调整的参数。笔者仅以tile_resample预处理器来举例。tile_resample下面的参数是Down Sampling Rate（见图5.62），数值范围是1到8，这个数值可以理解为图片缩小的倍数。

图5.61

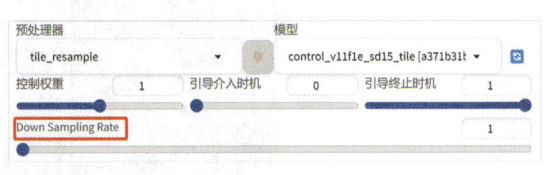

图5.62

比如，Down Sampling Rate的参数是1，那么图片按照原图尺寸提供给AI；Down Sampling Rate的参数是6，那么原图会缩小6倍，再由AI进行处理。如图5.63所示，越大的数字会让处理后的引导图越小，从而为生成的图片带来更多细节。

12. Inpaint模型

Inpaint（局部重绘）模型的功能和前文中提到的图生图里面的局部重绘和涂鸦重绘一样，同样是在参考图上面画出蒙版图片，然后对局部进行修改，所以此处不再赘述。

13. Reference模型

Reference（参考）模型的功能是根据参考图片去生成相似的图片。如图5.64所示，参考图片是一只狗在草地上，使用Reference后，结合提示词"a dog running on grass"（一只狗在草地上奔跑），就可以让参考图片中的狗跑动起来，同时画面没有更多的变化。

14. IP2P模型

IP2P是一个很有意思的模型，它可以通过简单的提示词对画面的全局进行调整，而且这个模型不需要任何的预处理器。如图5.65所示，将一张晴天的图片作为IP2P的参考图片，配合"rainstorm"（暴雨）这个提示词，即可让生成的图片中的天气变成下雨天。

但是这个模型目前还很难对图片的变化幅度进行很好的控制，总是会使参考图片产生各种各样的变形，所以需要配合其他的ControlNet一起进行使用。

15. T2IA模型

T2IA（自适应）模型的效果并不出色，而且在具体工作中用处不多，因此略过。

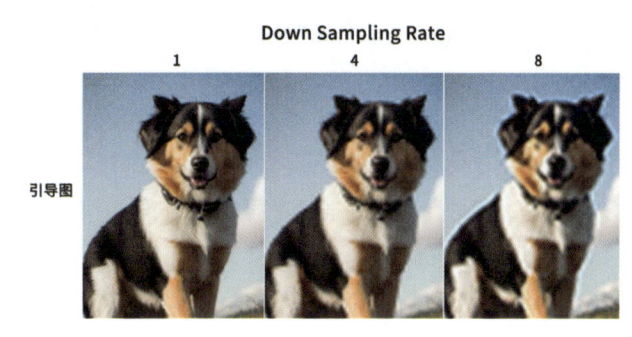

图5.63

图5.64

图5.65

5.4 ControlNet插件的其他用法

ControlNet这个插件可以多个模型协同使用，比如可以用Depth模型引导生成画面的深度信息，同时用Canny模型引导画面的轮廓信息，这样可以让生成的画面得到更为准确的控制。要使用多个ControlNet模型，必须在插件中同时存在多个ControlNet单元，如图5.66所示。

图5.66

想要设置多个ControlNet单元，需要在WebUI的顶栏中找到"设置"选项栏，在出现的设置页面的侧栏中，选择"ControlNet"一栏，就会出现ControlNet设置页面。在该页面中找到"ControlNet Unit的最大数量"选项（见图5.67），在这里可以调节插件中的ControlNet单元数量。调整完之后，必须依次单击上方的"保存设置"和"重载UI"两个按钮，才算真正设置成功。

图5.67

当需要用ControlNet插件中的多个单元（见图5.68）时，需要确保所使用的这些单元内的"启用"复选框呈勾选状态，这样所有单元才能同时去引导画面的生成过程。

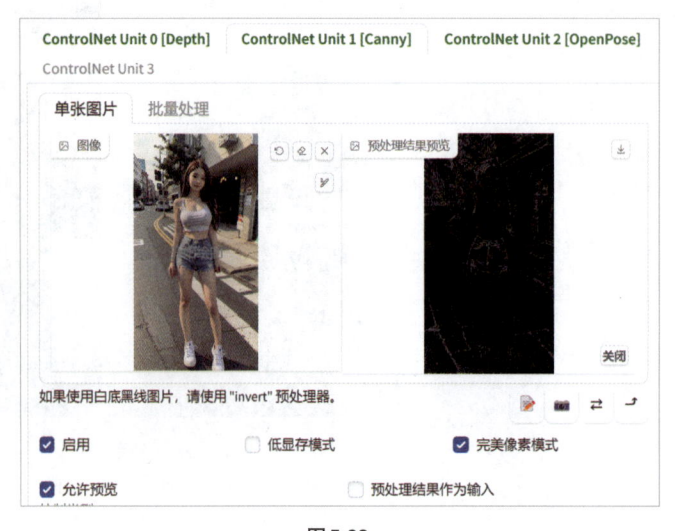

图5.68

如图5.69所示，使用参考图片的动态特征、轮廓特征和空间深度特征同时对生成的画面进行引导。

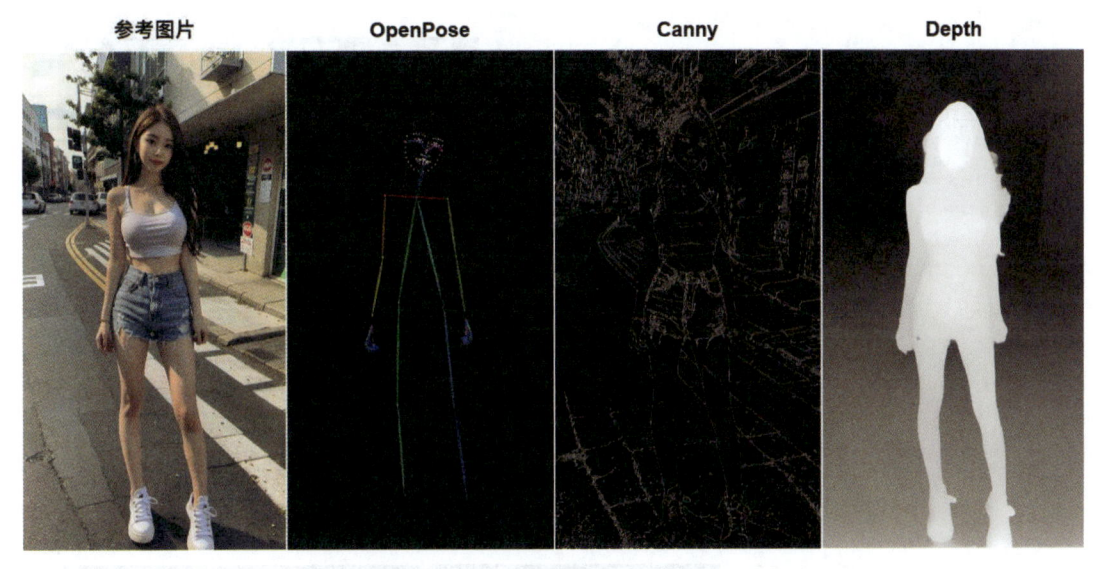

图5.69

提示词只用简单的"1 girl, solo, outdoor, green trees, best quality, masterpiece"（译为："一个女孩，一个人，户外，绿树，最佳质量，杰出作品"），如图5.70所示，生成图片中无论是人物、场景还是构图都保持了统一性。

生成图片

图5.70

这就是多个ControlNet模型叠加的意义所在，能够为画面提供更多稳定的特征输出。除了以上为一张照片切换不同的艺术表现风格，多个ControlNet模型的叠加还可以为IP玩具切换不同的质感和场景。

以图5.71中的玩具形象为例，可以看到图中的玩具是光滑塑料材质。在当前的ControlNet单元中选择Normal（法线）进行表面凹凸特征的控制。

除了 Normal 模型，还可以使用 Canny 模型和 Depth 模型来分别控制生成图片的造型轮廓和空间深度，让生成的图片更好地还原参考图片。由于我们已经用了三个 ControlNet 模型对画面进行引导生成，所以提示词可以尽量写得精简一些。如图 5.72 所示，从左上到右下这 9 张图片，笔者分别使用了 tiger（老虎）、bonfire（篝火）、lake（湖）、gold toy（金色玩具）、metal toys（金属玩具）、glacier（冰川）、glowing bat（发光蝙蝠）、underwater octopus（海底章鱼）和 elk（麋鹿）这些词进行生成。可以看到，生成的图片在很好地还原了参考图片的造型和画面构图的同时，还依据每个提示词对应的不同形象，为画面赋予了不同的特征。

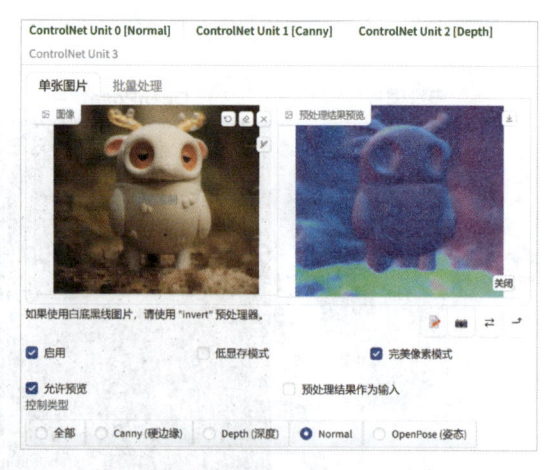

图 5.71

图 5.72

就笔者的经验来看，Nomal 模型这个 ControlNet 模型特别适合做物体质感相关的操作，大家可以多多进行尝试。

第 6 章

画面的局部控制

6.1 图生图页面

1. 图生图页面简介

SD WebUI为用户提供了一个直观的方式来与先进的图像生成模型互动，使根据文字描述生成图像的过程变得既简单又有趣。这一界面的设计允许用户无须具备深厚的技术背景即可创作出高质量的定制图像，这是人工智能技术发展到今天的一个令人兴奋的里程碑。前面几个章节中，我们的操作基本是在SD WebUI的文生图页面中进行的，本节就来对SD WebUI中另一个非常重要的页面——图生图页面（见图6.1）进行讲解。

图6.1

在图生图页面中，我们可以看到位于页面顶部的下拉菜单、正向提示词框、负向提示词框、CLIP终止层数等，其实这些内容与设置在文生图页面中都能见到，而且功能也差不多，所以我们的重点是讲解图生图页面中提示词框以下的区域，如图6.2所示。

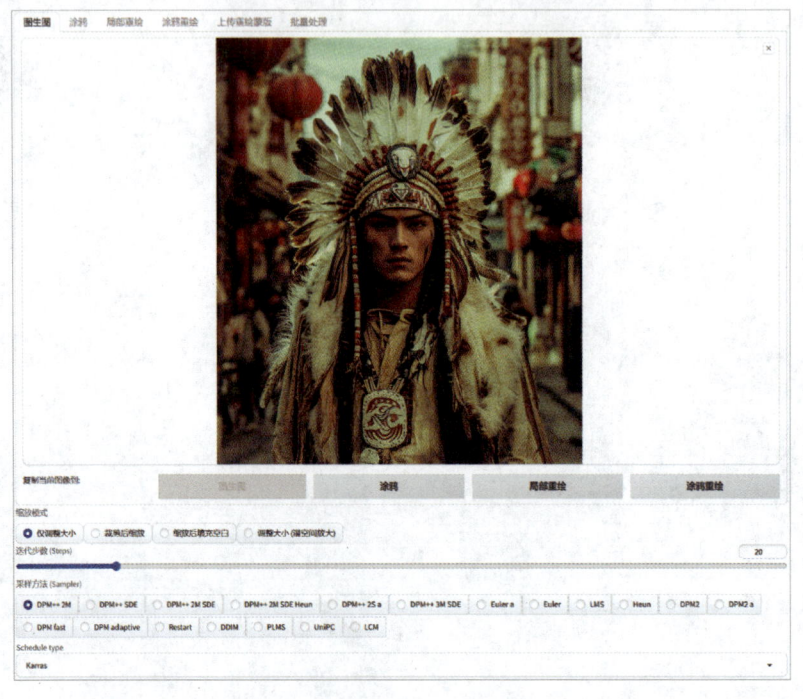

图6.2

我们可以将一张图片拖曳到"图生图"区域，并根据特定的提示词创造出新的艺术作品。图生图功能不仅仅局限于单一的图片转换，它还包含了涂鸦重绘、局部重绘等多样化的创作方式。

涂鸦重绘功能允许我们在原始图片上进行涂鸦，AI会根据这些涂鸦线条生成新的图片。这种方式非常适合那些希望将自己的线稿转变为色彩丰富的画作的用户。而在选择模型时，如果目标是创造出二次元风格的图像，就需要选择相对应的二次元模型来达到最佳的效果。

局部重绘功能则专注于图片的特定区域，比如说，如果想改变图片中人物的发色，只需在头发部分涂上蒙版，并在提示词中输入所需的颜色，AI就会根据这些信息进行相应的修改。

此外，还有一些关键的参数调整可以帮助我们更精细地控制图片的生成过程。例如，缩放模式可以在原图与生成图宽高不一致时决定如何处理；蒙版模糊度能够调节边缘的锐利度；蒙版内容选择和蒙版透明度则会影响重绘时的预处理方式和AI的创作自由度；最后，绘制区域的选择则指明了图像中将要被重绘的部分。

在大多数情况下，默认参数设置就能够满足我们的需求。然而，合理地选择和调整缩放模式、采样器、采样步骤及图像的宽高等参数，对于优化最终的图像效果至关重要。例如，在进行线稿上色时，选择合适的缩放模式和采样步骤，能够帮助我们更好地控制色彩的分布和图像的细节。总之，图生图页面是一个强大且灵活的艺术创作工具，它不仅可以帮助我们将原有的图片转换为全新的作品，还能够让我们发挥创造力，在艺术创作的道路上探索无限可能。通过学习如何调整各种参数和选项，我们可以创作出更加符合个人审美和需求的图像。

2. 画面比例与缩放模式

在使用SD WebUI的图生图页面时，有一系列工具和参数供我们设置。为了确保生成图像的质量，笔者建议大家将参考图和生成图的尺寸设置为一致的。这可以通过界面上的重绘尺寸选择右下角的"小三角"工具自动完成（见图6.3），单击这个图标可以让右侧的尺寸和我们需要重绘的图片的尺寸一致，这样可以保证图像比例和美感的一致性。

图生图页面中的缩放模式（见图6.4）有以下4种：仅调整大小、裁剪后缩放、缩放后填充空白、调整大小（潜空间放大）。

图6.3   图6.4

在不同的缩放模式下，图像会有不同的表现。仅调整大小可能会破坏图片的比例，使画面内容失真；裁剪后缩放能够保持图片的比例不变，是推荐的选项；缩放后填充空白可能会使画面的某些部分产生不自然的空白；而调整大小（潜空间放大）可能会导致画面比例失衡。裁剪后缩放模式因其能保持画面完整性而成了常用的选择，这一点从图6.5中可以很直观地看出来，只有使用裁剪后缩放生成的图片的效果比较好。

图6.5

3. 蒙版

在SD WebUI的图生图页面（见图6.6）中，我们可以看到上面有导航栏，其中局部重绘、涂鸦重绘和上传重绘蒙版这三者有绘制蒙版功能。可以通过手动涂蒙版的方式来指定画面中需要重绘的局部。

在局部重绘下有几个参数选项（见图6.7），其中最上面的是蒙版边缘模糊度，它是调整重绘区域与原图之间过渡效果的关键参数，设置得当，它可以使重绘区域与原图之间的过渡自然而平滑。

如果蒙版边缘模糊度设置得过高，尤其在重绘区域较小的情况下，重绘效果可能会显得模糊不清，导致细节丢失。相反，如果蒙版边缘模糊度设置得过低，重绘区域的边缘可能显得过于生硬，缺乏自然的过渡效果。如图6.8所示，我们可以看到在蒙版边缘模糊度等于4的情况下，生成图片的蒙版区域位置是一只猫，但是蒙版边缘模糊度等于20的时候，该蒙版区域什么都没有。

蒙版模式（见图6.9）的选择则决定了哪些区域将被重绘。选择重绘蒙版内容意味着只有被蒙版覆盖的区域会被处理，适用于希望对特定区域进行细致修改的场景。而重绘非蒙版内容则作用于未被蒙版覆盖的区域，适用于保留特定区域同时更新其他部分的场景。

图6.6

图6.7

在选择蒙版区域内容处理（见图6.10）时，可以根据需要的重绘效果来进行设置。

图6.8　　　　　　　　　　　　　　　　　　　　图6.10

填充模式会利用蒙版区域的颜色进行填充，这在需要进行大范围修改且希望保持周围色彩协调的场景下特别有用。如图6.11所示，可以看到采用填充模式生成的图片中人物的颜色明显受到了周围颜色影响。

原版模式则可以保持蒙版下的原始图像细节，适用于需要在

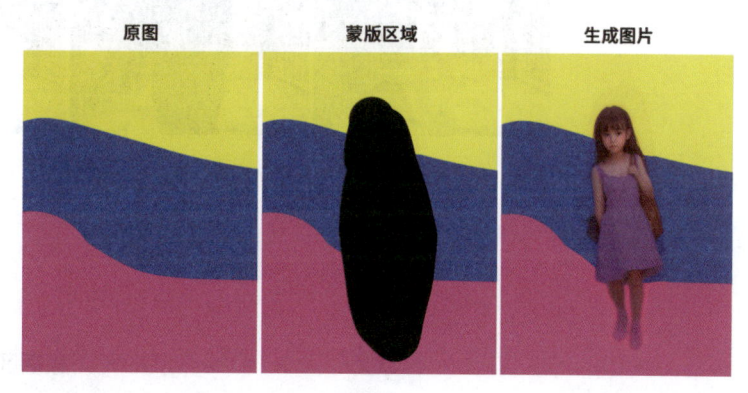

图6.11

原有图像基础上进行轻微调整的情况。这个模式是比较推荐的模式，因为它对于图片的融合处理是比较好的。我们可以用原版模式结合不同的重绘幅度来做演示。如图6.12所示，原图是一只狗，用蒙版将狗的区域蒙住，正提示词写"cat"（猫），然后分别将重绘幅度调至0.45和0.78，可以看到猫的特征随着重绘幅度的增加在逐渐增多。但是无论如何，图片与蒙版下的形象始终是融合度较高的。

图6.12

潜空间噪声模式为AI提供了更大的创作自由度，通过在蒙版区域添加新的噪声元素，可以为图像带来

更大的修改幅度和新的视觉元素。

而空白潜空间模式下，则直接将蒙版覆盖下的原图变成空白，重新生图。如图6.13所示，在空白潜空间模式下，我们将原图中的人通过蒙版和提示词变成了一棵树，可以看到在生成图中，树的颜色和形状与原图蒙版以外的地方差别很大。

图6.13

以上是4种不同的蒙版区域内容处理模式，我们还可以通过一个案例做更直观的比较。如图6.14所示，原图是一位女孩站在道路上，我们用蒙版将女孩盖住。

图6.14

我们将正提示词保留空白，在负提示词框里写上"a girl"，将重绘幅度统一拉到0.75。从图6.15中可以看到，在填充模式下，蒙版内生成的区域和周围背景结合得最好；空白潜空间模式下，原图的改变力度非常大，蒙版内生成的内容几乎完全无法与原图进行融合。

填充　　　　　　原版　　　　　潜空间噪声　　　空白潜空间

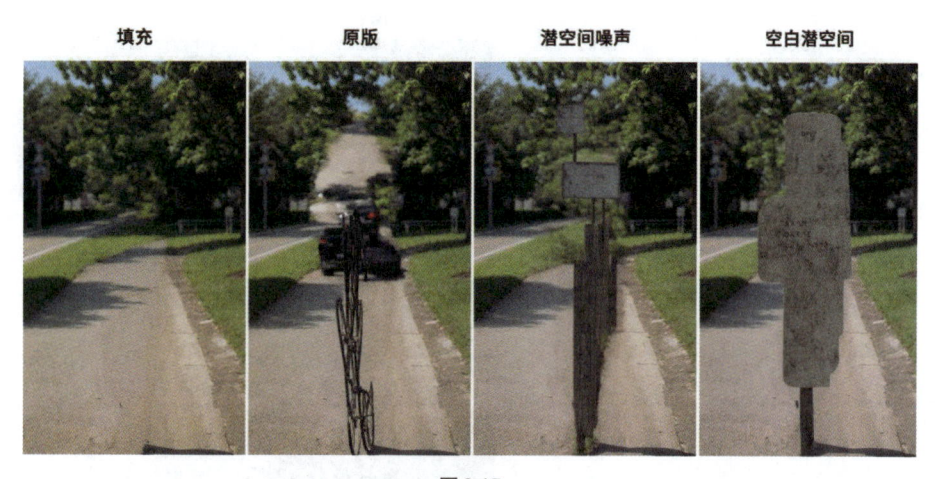

图6.15

所以，我们可以得出结论，就对画面的改变力度而言，填充模式的力度最小，空白潜空间模式的力度最大，而原版模式与潜空间噪声模式分别排第二和第三。

这些功能的组合使用及精心调整相关的参数，可以大幅提升图像重绘的质量和效果。比如，通过合理调整蒙版模糊度和选择适当的蒙版内容，可以在不破坏原图整体美感的同时，精确地改变图像的特定部分。这不仅提升了图像的视觉效果，也为用户提供了更多的创意空间和操作灵活性。

蒙版的使用在图像重绘过程中扮演着重要角色。用户可以在保持原图精髓的同时，创造出全新且具有个性的视觉作品。这种技术的应用不仅限于简单的图像修改，更拓宽了艺术创作的可能性，使作品更加富有趣味性。

4. 重绘区域

在图生图中有一个可以选择的参数是重绘区域（见图6.16），可以选择整张图片或仅蒙版区域。选择整张图片，重绘将在整张图片上进行；选择仅蒙版区域，重绘仅作用于蒙版区域。

图6.16

选择不同的重绘区域对生成图片的融合度是不一样的，如图6.17所示，可以看到选择整张图片的情况下，生成图片中的主体与周围环境的融合度是比较高的；但是选择仅蒙版区域，因为重绘只在蒙版以内进行，而不对蒙版和周围区域进行修复，所以融合度会差一些，还是能看到原图的一些影子。

原图　　　　　蒙版区域　　　　整张图片　　　　仅蒙版区域

图6.17

105

5. 涂鸦重绘

在图生图中，有一个很特殊的选项是"涂鸦重绘"（见图6.18）。在这里可以用带有颜色的蒙版进行蒙版制作，选择不同颜色的画笔制作蒙版对生成画面的影响非常大。

我们用图6.18中的图片，结合"blue sky"（蓝色天空）的正提示词，采用不同的蒙版颜色去生成图片。生成结果的对比如图6.19所示，黑色蒙版下生成的天空的颜色也是黑色的，蓝色蒙版下生成的天空的颜色是蓝色的。

图6.18

图6.19

所以，在用这个功能的时候，一定要将蒙版的颜色变成我们想修改的局部的颜色，这样才能获得好结果。用这个功能来修改一些颜色明确的局部时，会更有效果一些。比如用蓝色画笔涂蒙版（见图6.20），配合牛仔裤的提示词，就能很好地将牛仔裤的形象在原图中还原出来。

图6.20

总的来说，图生图页面提供了丰富的工具和参数，让我们在图像编辑和创造过程中有了更大的自由度和控制力。通过这些工具，我们不仅能够调整现有的图像，还能够在它们的基础上创造出全新的作品。

6.2 改变人物表情

使用SD WebUI的图生图功能,可以对画面的局部进行调整以达到我们满意的效果,比如可以用它来控制图片中一个人的表情。

如图6.21所示,生成这张图片的正提示词是"(waist shot), (full body:1.25), dynamic angle, [bottle bottom], (white border:1.3), (1 girl:1.1), (solo:1.3), (falt color:1.0), colorful, (highest picture quality), (master's work), (detailed eye description), (imid shot, macro shot:1.25), (8K wallpaper), (detailed face description), depth of field, (lens flare), car, (sports car:1.3), track, road, sunny day, standing, 1 girl, full body, (white:1.3)|pink|blue hair, eyes, detailed beautiful eyes, earings, ((c-curl hair)), (tight_bodysuit:1.05), (F1_racing_suit:1.1), (shiny_clothes:1.3), taut, skindentation, gathers, <lora:fashigirl-v5.4-lora-64dim-naivae:0.6> fashi-g, mature female, red lips, <lora:koreanDollLikeness_v15:0.4>"。

如果我们想改变图片中女孩的表情,首先可以尝试直接用提示词进行修改。所以,第一步我们把图片放在图生图里,如图6.22所示。

在正提示词框里写上"a girl,smlie",希望通过提示词可以让女孩微笑起来。然后将重绘幅度设为0.6,这样既可以保持原图的人物细节,又能对画面进行调整。可以看到,在输出的图片(见图6.23)中,虽然女孩的表情变成微笑了,但是人的整体气质也变了,皮肤不再白皙,妆容也没有了。

图6.21 　　　　　　　　　图6.22 　　　　　　　　　图6.23

究其原因是我们没有在正提示词里使用LoRA模型,所以接下来我们修改正提示词的部分,变成"a girl,smlie,<lora:fashigirl-v5.4-lora-64dim-naivae:0.6> <lora:koreanDollLikeness_v15:0.4>"。结果是生成的图片(见图6.24)中女孩的形象气质既符合原图,又符合提示词中关于"smile"的特征,微笑起来了。

通过这个案例我们可以知道,在用图生图的方式改变文生图的图片时,如果文生图使用了LoRA模型,那么一定要在图生图的时候也使用相同的LoRA模型，并且把重绘幅度拉低一些，这样才能最大限度地还原原图的细节。

除了通过具体的词来达到修改图片细节的目的，还可以通过不那么具体的词来达到目的。

比如，图6.25中是一个身着白裙的女孩，正在开心地微笑。

我们将这张图片放到图生图里，尝试使用提示词"1 girl, seriously"，希望让这个女孩变得严肃起来。重绘幅度为0.65。在得到的图片（见图6.26）中可以看到，女孩的表情确实变得严肃了，收起了笑容。

图6.24　　　　　　　　图6.25　　　　　　　　图6.26

这种方法其实在上个案例中已经使用过了，所以我们可以换一种方法。将原本的用来修改面部的提示词"1 girl, seriously"变成"batman"，重绘幅度不变。可以看到，这一次生成的图片（见图6.27）中的女孩又变得严肃起来了。

这是因为"batman"即蝙蝠侠的形象，大多数是非常严肃的，很少有微笑的时候，所以在使用"batman"这个词的时候，会将严肃的特征添加进画面里，人就变得严肃了。

但是使用这种方法时，不能把重绘幅度拉得太高，否则图片（见图6.28）中蝙蝠侠的特征会出现得太多，以至于完全破坏了原图画面中的细节。

图6.27

重绘幅度：0.71　　　重绘幅度：0.83　　　重绘幅度：0.95

图 6.28

除了在图生图里改变面部，还可以在局部重绘（见图6.29）中用蒙版的方式改变人物的面部。

由于我们想要改变的是女孩的面部特征，所以直接将两个LoRA模型"<lora:ran:0.4> <lora:mix4:0.5>"放在提示词框里。参数方面，稍微提高蒙版模糊（见图6.30），让修改的部分更加柔和。

可以看到，生成的人物（见图6.31）的面部特征完全改变了，和原图相比完全就是另外一个人。

图 6.29

图 6.30　　　　　　　　　　　　　　　图 6.31

除了在图生图中用提示词和局部重绘去改变脸部，我们还可以用一款插件来达成目的。首先在扩展页面下的"可下载"导航栏（见图6.32）里单击"加载扩展列表"，然后搜索"After Detailer"，就能搜出插件的名字，最后在右侧单击"安装"按钮就可以安装这款插件了。

图6.32

安装完成后，单击"!After Detailer"，来到插件的GitHub页面，找到插件模型的下载链接（见图6.33），进入链接将模型下载并放入本地的"\models\adetailer"目录内。

之后在文生图中使用"best quality, masterpiece, high resolution, intricate details, ((realistic)), photographic, 1 girl, solo, (full body:1.7), red head ornament, sharp eyes, exquisite facial features, earrings, oval face, choker, (tube top, crop top, tank top), slender arms, long legs, detailed skin, skirt, (sneaker shoes), smile, stand, head turned to the left, outdoor, green trees, nature, full length shot, depth of field, natural shading, 8K, HDR, RAW, highres, Canon EOS RP, film grain, bokeh, lens flare, vibrant color, 85mm, f/1.4, ISO 200, 1/160s:0.75"作为提示词，尺寸调整到448像素×576像素，可以看到这个尺寸下的人物面部（见图6.34）崩坏了。

图6.33

图6.34

要想解决这个问题，可以在页面下方找到"ADetailer"（见图6.35），选中"启用After Detailer"复选框，After Detailer模型选择"face_yolov8s.pt"模型。

在启动After Detailer后，再次生成的图片中人物（见图6.36）的面部就是正常的。这就是After Detailer插件的妙处，它可以很好地检测并修复图片中人物的面部，使之变得更加正常。

图6.35

图6.36

6.3 修手

在使用AI生成人物图片的时候，我们会经常遇到手部崩坏的情况，这是因为手的结构复杂，而且在画面中所占的面积较小而引起的。遇到这种情况时，我们首先可以用提示词来对画面进行优化。如图6.37所示，图片中人物的右手出现了6根手指。

这时候我们就可以在负提示词里添加上一些关于手部的负提示词，比如添加上"bad hands, bad anatomy, poor hands, missing fingers, fused fingers, too many fingers"（译为："手不好，解剖结构不好，不好的手，手指缺失，手指融合，手指过多"）。添加了手部相关的负面提示词后，再次生成的图片中人物的右手（见图6.38）就是正常完好的手了。

图6.37　　　　　　　　　　　　　　图6.38

使用提示词的好处在于，可以直接在文生图里进行修改，而不需要在图生图的局部重绘里进行二次操作，所以这种方法相对方便一些。

除了使用图生图，还可以使用上一节提到的"After Detailer"插件，对手部进行局部修复。需要先在"After Detailer"插件中的模型选择区域选择"hand_yolov8n.pt"模型（见图6.39），这个模型可以检测并修复手部。

图6.39

启用"After Detailer"插件并且选择完模型后,即可以常规的生图方式去生成图片。通过图6.40的对比图,我们可以看到修复后的人物的手指数量、手部形状是正确的。

图6.40

其实"After Detailer"插件的手部修复功能并不像其面部修复功能那样好用,因为它非常有可能将手部修复得非常老。如图6.41所示,画面中人物的手部就是经由"After Detailer"插件的"hand_yolov8n.pt"模型修复的,看起来是一双老人的手,完全不符合画面中人物的形象。

以上提到的两种方法——使用负面提示词和使用"After Detailer"插件的"hand_yolov8n.pt"模型,既可以直接在生成图片时使用,也可以在图生图中用于修复一双崩坏的手,都比较有效。除了这两种方法,其实还有一种方法是专门用在图生图领域修复手的,那就是使用局部重绘加上ControlNet方法进行手部的专项修复。

如图6.42所示,我们要修复这张图片中人物崩坏的左手。

图6.41

图6.42

我们需要用到一个网站"open-pose-editor",它的网址是https://openposeai.com/。一进来就能看到画面中间有一个OpenPose图（见图6.43）。在这个页面里，我们可以按住鼠标左键拖动画面，转换画面的视角，也可以按住鼠标右键拖动画面，转换画面位置，还可以滑动鼠标滚轮，放大或缩小画面。之后需要调整画面右上角的宽度和高度，将其设置成和要调整的图片一样的尺寸。

之后可以依次单击"文件"-"从图片中检测[中国]"，就能把需要修复手部的图片加载到这里（见图6.44）。

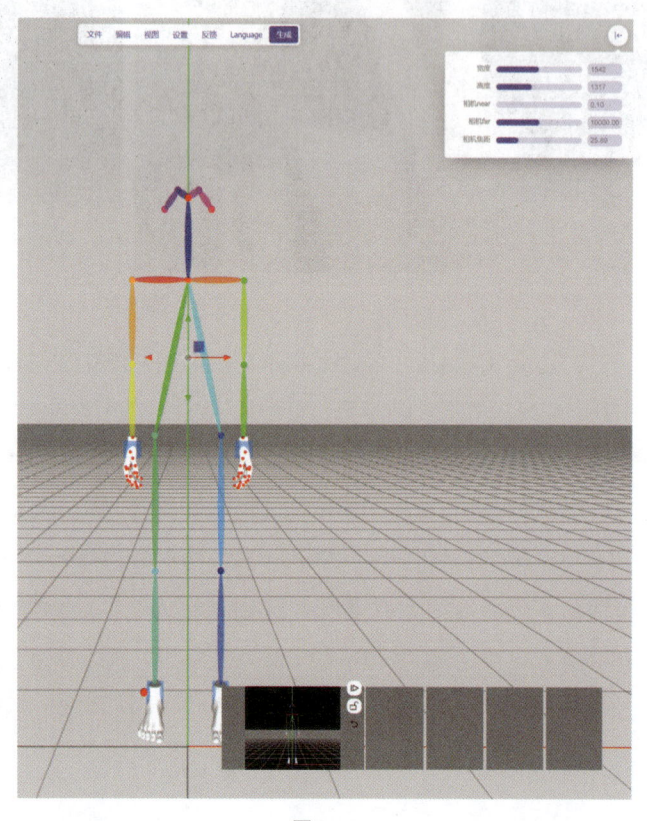

图6.43

图 6.44

图片加载完成后，网站中的OpenPose图会变成图片中那个人物的姿势。然后将需要修复的OpenPose图的手部姿势处理成你希望的动态（见图6.45）。

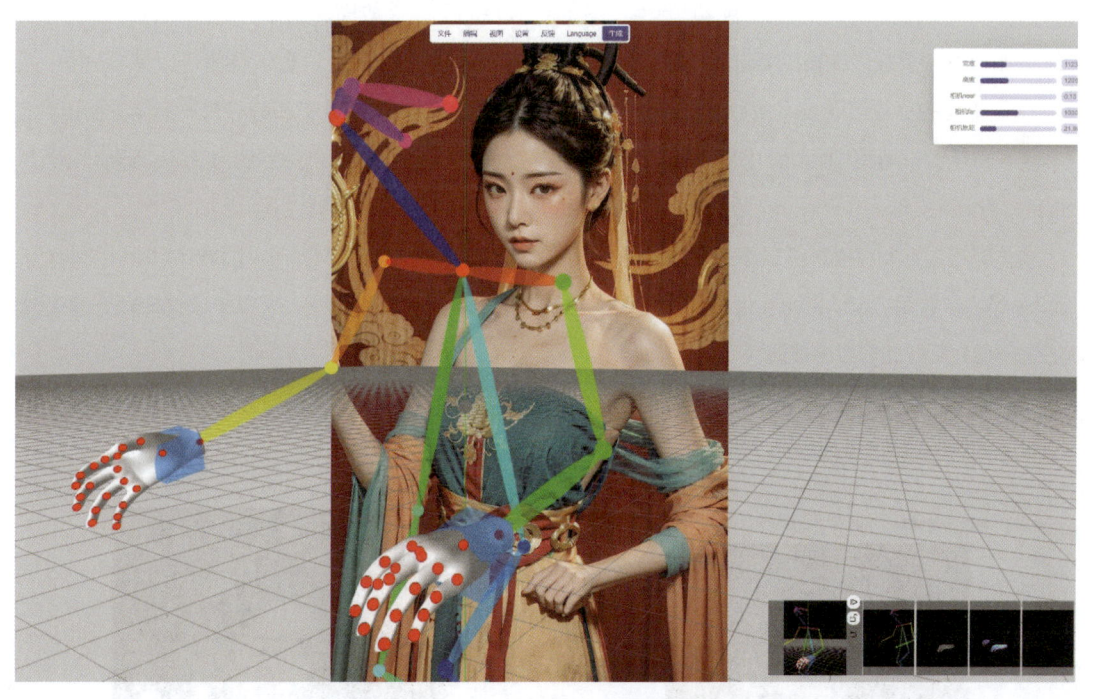

图 6.45

处理完手部的OpenPose图之后，我们注意到整个页面的右下角的预览图上有一个三角按钮（见图6.46），单击它就能生成全身的OpenPose图、局部Depth图、局部法线图及局部Canny图。要修改手部，我们需要除了OpenPose的所有图片。单击这些图片（见图6.47），就能将它们下载到本地。

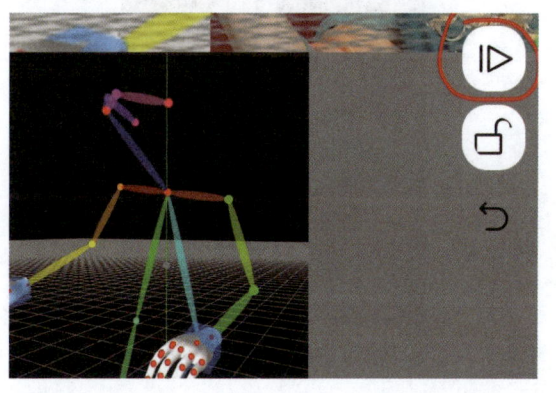

图 6.46

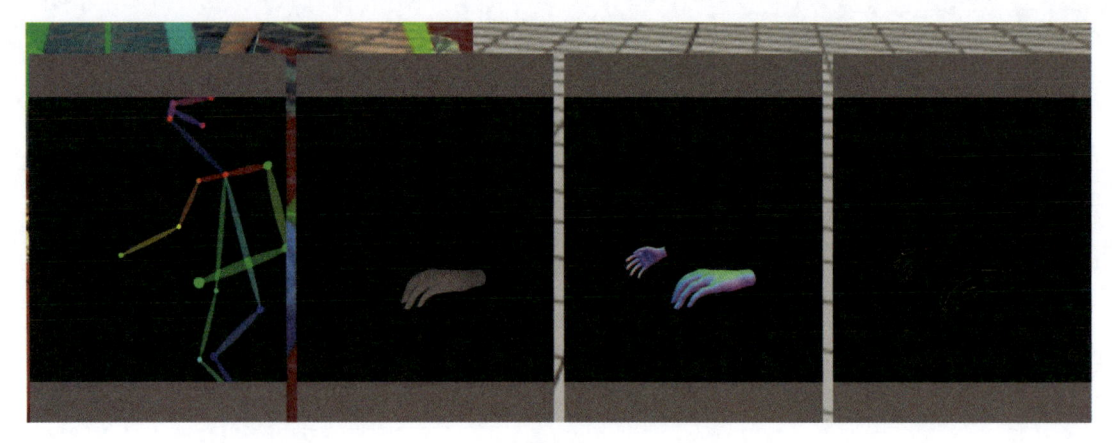

图6.47

然后将需要修复的图片放到图生图中的局部重绘区域，用画笔涂上蒙版（见图6.48），这样后面使用ControlNet时就只会作用到图片的蒙版区域。在参数选择方面，缩放模式选择"裁剪后缩放"，为了让过渡更加自然，蒙版边缘模糊度选择14，蒙版区域内容处理选择"原版"，重绘幅度可以稍高一些，设为0.75。生图的参数可以按照图片本身的参数填写，至于提示词，因为蒙版部分只有一只手，所以我们只需要在提示词框里写"hand"即可，负提示词框里可以写"bad hands, bad anatomy, poor hands, missing fingers, fused fingers, too many fingers"，这样可以避免生成崩坏的手。

最关键的是，要将刚才下载下来的局部Depth图、局部法线图及局部Canny图放到ControlNet里，ControlNet参数保持默认即可。值得注意的是，由于我们是直接使用引导图，所以无须选择预处理模型。做好这一切之后，就可以生成图片了。

可以看到，图片（见图6.49）中人物的手部变得正常了，手的周围根本没有修复的痕迹，非常自然，而且手的光影也随着原图的光影而变化。

图6.48

图6.49

使用这种方法进行手部的修复可以说是最有效果的，但同时也是最麻烦的，需要根据自己的实际情况进行操作。

6.4 生成统一的人物特征

随着不断地生成人物图片，我们会逐渐产生一个想法，那就是能否在多张图片中生成同一个人。为了达到这个目的，需要进行多次试验。

首先需要准备多张不同姿态的OpenPose图（见图6.50），来指定生成人物的动作特征。这样的OpenPose图用上一节提到的"open-pose-editor"网站就能很方便地做出来。

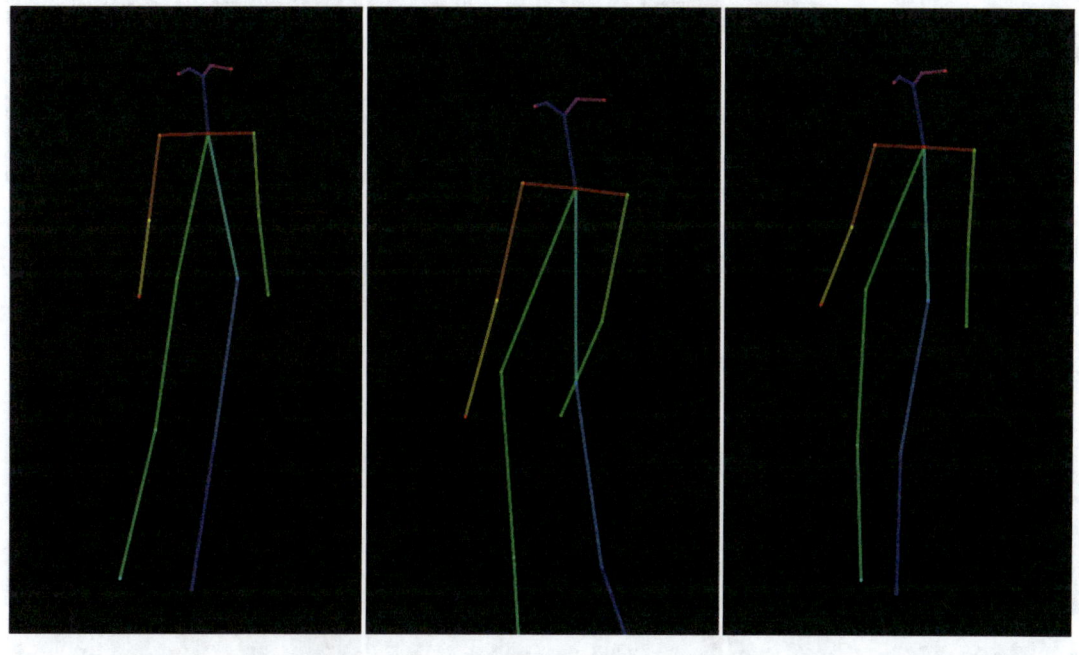

图 6.50

正提示词的部分可以填写如下。

提示词：best quality, masterpiece, high resolution, intricate details, ((realistic)), photographic, 1 girl, solo, (full body), idol, (hair ornament:1.35), skirt, white T-shirt, outdoor, green trees, nature, full length shot, smile, stand, depth of field, natural shading, 8K, HDR, RAW, highres, Canon EOS RP, film grain, bokeh, lens flare, vibrant color, 85mm, f/1.4, ISO 200, 1/160s:0.75

翻译：最好的质量，杰作，高分辨率，复杂的细节，（（逼真）），摄影，一个女孩，一个人，（全身），偶像，（发饰：1.35），裙子，白色T恤，户外，绿树成荫，大自然，全身镜头，微笑，站立，景深效果，自然明暗处理，8K，HDR，RAW，高分辨率，佳能EOS RP，胶片颗粒，散焦，镜头光斑，鲜艳的颜色，85mm，f/1.4，ISO 200,1/160s: 0.75

可以看到，生成的图片（见图6.51）中，人物动态和OpenPose图中的动态一样，但是人物特征、服装和场景都不一样。

图6.51

所以，我们可以试着加入用于表现人物脸部的LoRA模型，在正提示词里放入"<lora:mix4:0.7>"，"mix4"指的是LoRA的名字，"0.7"指的是LoRA的权重。那么，接下来可以看到生成的图片（见图6.52）中人物的面部特征已经很相似了，基本上都是同一个人。

图6.52

现在遇到的问题是，人物的服装并不统一，导致现在看起来就像是一个人在不同时间的照片。为了让人物的服装更加统一，可以添加一个用于表现服装的LoRA模型"<lora:jk uniform:0.45>"，并且在正提示词里写上这个LoRA的触发词"JK_style,short-sleeved JK_shirt"。这样可以更好地将衣服的特征还原到每一张图片中。

有了服装LoRA模型和触发词后,我们可以看到新生成的图片(见图6.53)中的三个不同姿态的人,她们的面部特征、体态特征、服装特征乃至场景特征都能保持一致。

图 6.53

这样的一组图片就很像一个真实的人在散步时随心拍下的照片,场景感很强烈。

6.5 调整画面的光

光对于一张摄影图片的影响力非常大,有时候精心布置的打光能让平凡的场景迸发出不一样的美感。那么,在AI生图的环节中,如果能将灯光控制在我们想要的区域,一定会让图片看起来更加高级。

稳定控光的方法有很多,可以先从提示词入手,一步一步地控制画面中光的生成。

我们可以用这样的正提示词做基准提示词:"(best quality, masterpiece, 8K, 32K, UHD:1.2), photo of pretty girl, (solo), (knee shot), (dark brown hair), double eyelid, luxury party, skirt, city, ocean, movie scene"[译为:"(最佳质量,杰作,8K,32K,UHD:1.2),光晕,漂亮女孩的照片,(一个人),(膝上镜头),(深棕色头发),双眼皮,豪华派对,裙子,城市,海洋,电影场景"]。

这些提示词中其实没有包含关于光的提示词,所以我们可以在此基础上添加不同的关于光的词,然后再生成图片(见图6.54)。尽管我们可能不太理解新添加的词所代表的含义,但是我们一定可以直观地感受到画面中的光感是比较强的,画面质感也由此增强了很多。

图6.54

那么，我们基本可以认定，在提示词中添加有关光的词可以很好地提升画面的效果。还可以用这样的词组：front lighting（正面光）、rim lights（边缘光）、left light（左侧光），去生成图片（见图6.55）。但是，这一次使用明确光指向的词生成的图片中，光源其实也没有很好，比如提示词是front lighting（正面光），但是画面中的光源却是右侧来光。

图6.55

为了严格控制光来的方向，我们可以借助ControlNet来进行光源的指定。首先可以使用这样的正提示词："(best quality, masterpiece, 16K, UHD:1.2), photo of pretty girl, (solo), (knee shot), (dark brown hair), double eyelid, skirt, sitting lazy, pillow, luxury home, indoor, home, lens flare, movie scene"［译为："（最佳质量，杰作，16K，超高清：1.2），漂亮女孩的照片，（一个人），（膝上镜头），（深棕色头发），双眼皮，裙子，坐，懒洋洋的，枕头，豪华家居，室内，家，镜头闪光，电影场景"］，先生成一张图片（见图6.56），然后再去改变这张图片中的光源方向。

  首先使用绘图软件绘制光源图片（见图6.57），白色区域代表光的形状和方向。注意，这里需要的是实边，而不是柔边。

图6.56

图6.57

  然后将绘制好的光源图片放到ControlNet中的Depth（见图6.58）中，单击小爆炸图标获取与处理后的引导图片。再将刚才生成的图片（见图6.57）放到ControlNet的第二个新单元中，第二个单元选择Canny用来固定人物的轮廓特征。之后，将生成图片的种子固定好。

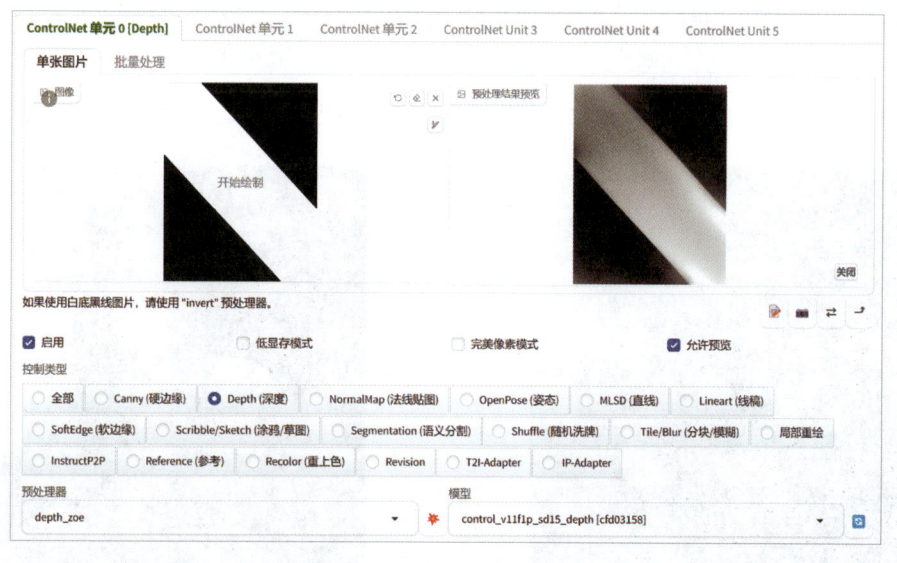

图6.58

  所有ControlNet设置好后，就可以生成图片了。可以看到，在新生成的图片（见图6.59）中，光的方向和我们绘制的光源图中的方向是一致的，而且在左上角光的源头那里，还添加了一盏灯。

但是新生成的图片中，人物的衣服颜色却发生了改变。为了固定人物衣服的蓝色，我们将光源图中原本白色的光改为蓝色，将这张图片（见图6.60）放到ControlNet中，其他参数不变，然后再次生成。

可以看到，在新生成的图片（见图6.61）中，人物的衣服已经变成原本的蓝色了，同时光源图中光的感觉也在画面中体现出来了。

图6.59　　　　　　　　　　　图6.60　　　　　　　　　　　图6.61

以上操作都是在文生图里结合ControlNet进行的，还可以在图生图里进行这个操作。首先还是要进行光源图的绘制（见图6.62），这一次我们需要绘制的是比较柔和的光源图，可以看到右上角的白色是光源，逐渐向左下角过渡。我们将这张图片放到图生图的地方。

在图生图的参数方面，需要将重绘幅度改得稍微高一些，比如改为0.75；随机种子依然是文生图时候的种子数。在ControlNet方面，我们使用图6.58中的Depth图去固定画面的空间关系，以及Canny去固定画面的轮廓细节。利用这套光源图、参数和ControlNet的组合，我们可以看到新生成的图片（见图6.63）中很好地显示了光的方向。整个画面的明度是由右上到左下逐渐递减的，而且画面中为右上的光源做了合理性解释——在右上方添加了一个透光的窗帘。

图6.62　　　　　　　　　　　图6.63

上个案例是对光的方向的控制，其实我们还可以对光的形状做控制。比如，使用图6.64中的光源图，其他操作不变，得到的右边的两张图片中都保留了光源图中光的形状，通过不同的重绘幅度测试，可以看到重绘幅度为0.75的时候既保留了光的形状，又让画面比较自然。

光源图　　　　　　　重绘幅度0.6　　　　　　　重绘幅度0.75

图 6.64

以上是关于光的控制方法，其实方法远不止这几种，在实际操作时候，需要根据具体情况灵活组合不同的方法。

6.6 局部图片的外扩

在使用SD WebUI工具生成图片的时候，虽然可以预设尺寸，但是因为图片中有了具体的元素参照，会觉得生成的图片的构图不够好。而如果重新生成，图片的构图又被破坏了，这时候就需要进行图片的扩图操作。

先准备一张用来做扩图操作的图片。我们使用的正提示词如下："best quality, masterpiece, realistic, photography, intricate details, 1 girl, solo, (full body:2), (exquisite body:1.5), gorgeous face, exquisite facial features, earrings, choker, (milky skin:1.3), (sling:1.4), (mini skirt:1.4), flat shoes, smile, stand, outdoor, sunny day, (nature:1.4), golden hour, (VSCO C1:1.5), 16K, HDR, highres, depth of field, (film grain:1.6), (overexposure:1.5), bokeh, (soft focus:1.5), lens flare, (hazy glow:1.5), (dreamy highlights:1.5), (matte finish:1.2), ISO 200"[译为："最佳品质，杰作，逼真，摄影，复杂的细节，一个女孩，一个人，（全身：2），（精致的身体：1.5），美丽的脸，精致的五官，耳环，贴颈项链，（牛奶肌：1.3），（吊带：1.4），（迷你裙：1.4），平底鞋，微笑，站立，户外，阳光明媚的日子，（自然：1.4），黄金时段，（VSCO C1:1.5），16K，HDR，高分辨率，景深，（胶片颗粒：1.6），（过度曝光：1.5），散焦，（柔焦:1.5），镜头光斑，（朦胧光晕：1.5），（梦幻高光：1.5），（哑光：1.2），

ISO 200"]。使用这段提示词生成的图片（见图6.65）是竖构图，其中的宽度是比较窄的。

如想让这张图不改变原图的任何细节，只将它的宽度拉宽，可以将这张图片放到图生图里，并且将图生图参数中的重绘幅度调大到0.85，这样有利于为多出来的部分增加细节。

比较重要的是图生图的尺寸的设置，由于我们只想调整图片的宽度，所以可以将尺寸中的宽度拉大到一个我们满意的数值。比如之前图片的宽度是792像素，高度是1200像素，我们可以保持高度的1200像素不变，将宽度提高到1040像素，这样新生成的图片就是在原图的基础上向左和向右分别扩充了124像素。

在设置好参数之后，打开ControlNet插件。第一个ControlNet单元使用"局部重绘"（也称作"inpaint"）来进行控制。局部重绘的功能是在保持图片完好的情况下绘制出两边扩充的区域。在单元最下方的画面缩放模式里，选择"Resize and Fill"（见图6.66），这样才能将多出来的空白区域填充上。

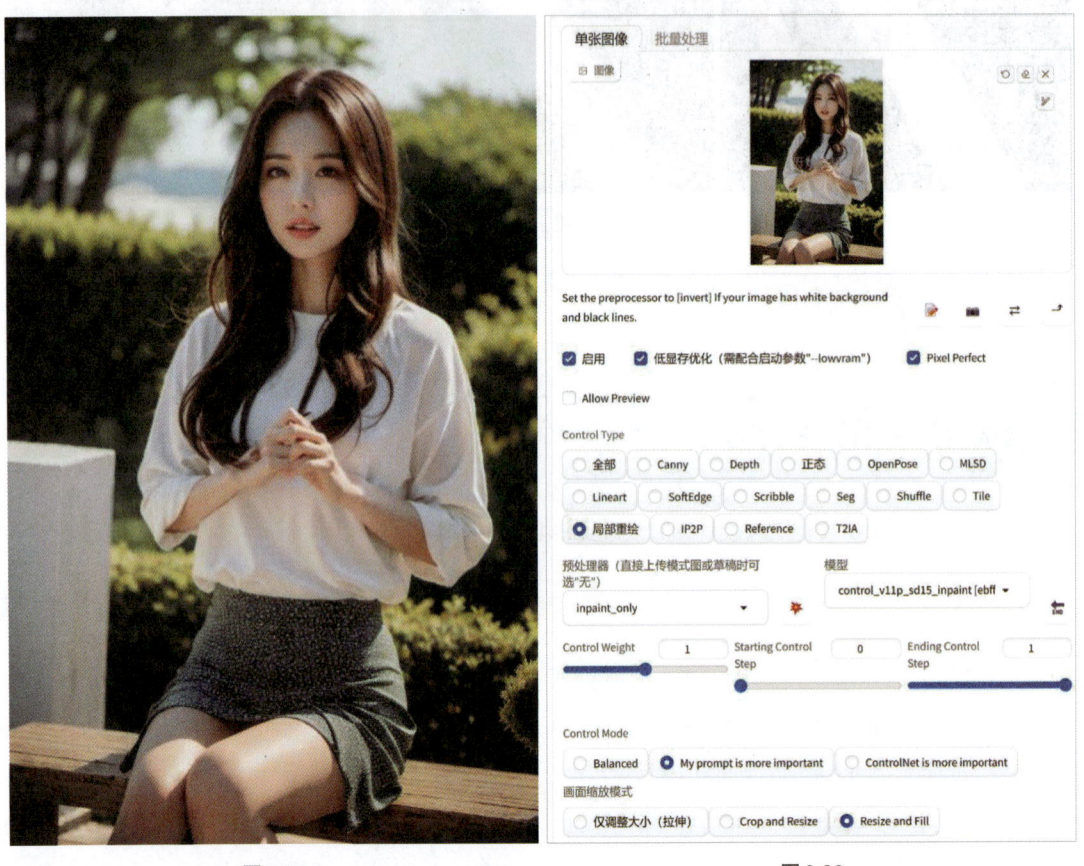

图6.65　　　　　　　　　　　　　　　图6.66

除了局部重绘，还需要设置第二个ControlNet，那就是"reference"，它的功能是固定原本画面的细节。设置好之后，就可以直接生成图片了。可以看到，扩图之后的图片（见图6.67）基本保留了原图的所有细节，并很自然地向两侧补充了场景，整体显得非常合理。

除了将这张图片向左右扩展，还可以将它向上下扩展。操作和前文是一样的，只是在图片尺寸设置环节需要将宽度保持不变，高度适当调高。可以看到，将高度扩充之后的图片（见图6.68）仍然非常自然。

图 6.67

图 6.68

其实这些案例都可以算作同一种完整图片扩充局部的方法，但是如果我们只有一张很小的局部图片呢？比如只有一张人物的肖像（见图 6.69），我们应当如何处理呢？

首先可以将这张图片放入一个空白图中，调整到一个能容纳全身站姿的位置，如图 6.70 所示。

图 6.69

图 6.70

然后将调整好的图片放入前文提到的"open-pose-editor"中，做出一张OpenPose图（见图6.71）。

准备好这些之后，将图6.70放入图生图里面，重绘幅度设为0.9，宽度和高度按照调整后的图片去设置。第一个ControlNet仍然使用局部重绘，将图6.70放入后，把人物肖像以外的空白全部涂上，这样可以告诉AI究竟要改什么位置。再将我们做好的OpenPose图放入另一个ControlNet中，类型选择OpenPose。

之后就可以生成图片了。可以看到，生成的图片（见图6.72）将原图的人物肖像很自然地扩展到了全身。

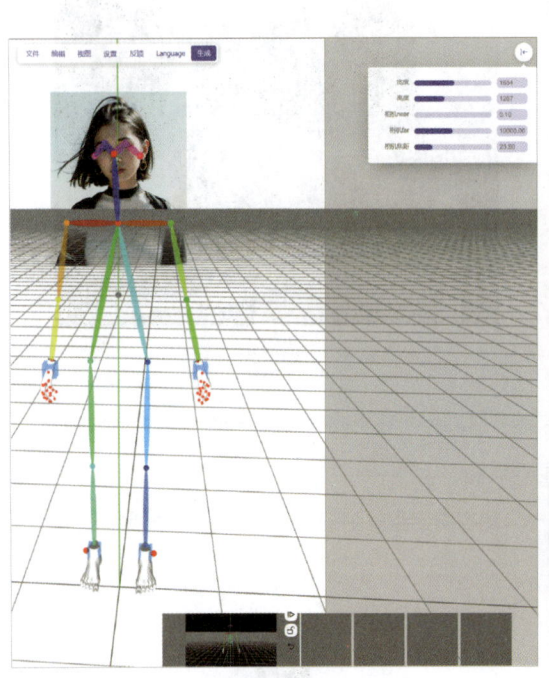

图6.71

图6.72

有了扩图技术，我们就可以很方便地对图片的构图进行改变了。

第 7 章

商业案例实战

7.1 服装穿搭模特图

在电商行业,经常会有为产品做效果展示的需求。传统产品效果图的制作步骤,基本上都是先进行产品展示场景搭建,然后进行产品拍摄,如果有模特,还需要考虑产品和模特的互动,有了成片后,再对成片进行修图等后期处理操作。这样一套流程下来,时间、人力成本都不低。

但是自从有了AI技术,只需要用1个人及极低的时间成本就能轻松实现产品的优质效果图呈现。如图7.1所示,一个人穿着牛仔外套站在街头,假如这套服装是我们需要呈现的产品,我们的目的是保留服装的款式、细节不变,自由更换模特和场景。为了达到目的,可以先将服装抠出来,制作成一个黑白蒙版(见图7.2)。因为我们要将蒙版放到图生图的重绘蒙版中使用,所以可以将需要改变的地方用白色替代,不需要改变的地方用黑色替代。

图7.1

图7.2

处理完蒙版之后,需要将原图和蒙版图一起放到图生图的局部重绘(上传蒙版)中,这里一定要注意把目标图片放在上面,蒙版图片放到下面(见图7.3),这样AI才能根据蒙版的形状,去精准地控制画面中修改的局部的位置。因为我们想替换图片中模特的形象和背景,所以在参数选择区域,可以将重绘幅度数值调大,这里调到0.8。生成图片的尺寸一定要按照原图尺寸来设置,这样才能保证生成的图片比例不发生奇怪的变化。

设置好蒙版及参数之后,可以进行ControlNet的设置。我们将使用3个ControlNet(见图7.4)。第一个ControlNet是

图7.3

Scribble涂鸦，它可以保证对原图的构图有一定的继承性。第二个ControlNet是OpenPose，它可以控制画面中人物的姿态。第三个ControlNet是Depth，它用来控制画面中的深度特征。通过预览图的对比，我们可以很直观地看到它们对原图的不同维度的特征还原。

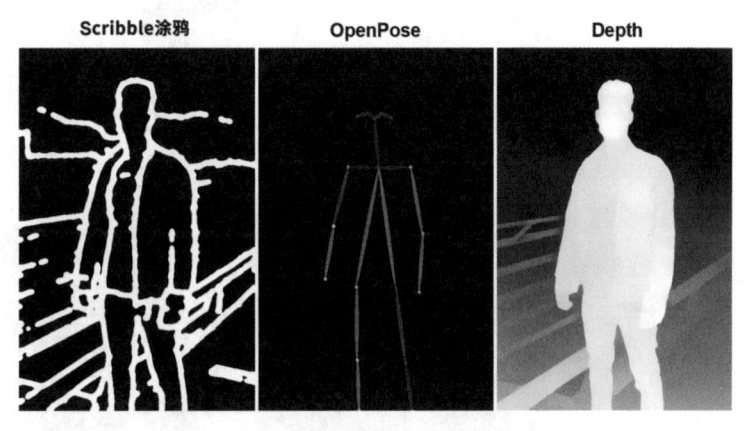

图7.4

设置好ControlNet之后，再回到填写提示词的地方，单击提示词框右侧的"CLIP反推"（见图7.5）。这个功能是根据上传图片的内容来生成相应的提示词。

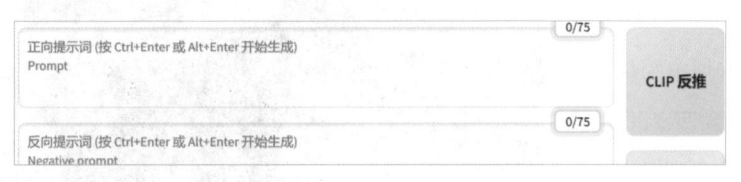

图7.5

我们得到的反推到的提示词如下："a man standing in a parking lot wearing a jean jacketand black pants with a white t – shirt, a character portrait, private press"（译为："一名男子站在停车场，身穿牛仔夹克和黑色裤子搭配白色T恤，人物肖像，私人媒体"）。因为想要更换场景，所以可以把其中的parking（停车位）换成beach（沙滩）。负向提示词区域使用正向提示词就行："nsfw, paintings, sketches, (worst quality:2), (low quality:2), (normal quality:2), lowres, ((monochrome)), ((grayscale)), acnes, bad anatomy, deep negative, (fat:1.2), bad hands, text, error, missing fingers, extra digit, fewer digits, cropped, artifact, signature, watermark, username, blurry, bad feet, poorly hands, poorly face, mutation, deformed, extra fingers, fewer digits, extra limbs, extra arms, extra legs, malformed limbs, fused fingers, too many fingers, long neck, cross-eyed, mutated hands, polar lowres, bad body, bad proportions, gross proportions, text, extra foot"［译为："不适合在工作场所的图片，绘画，素描，（最差质量：2），（低质量：2），（正常质量：2），低分辨率，（（单色）），（（灰度）），痤疮，不良解剖结构，深度负向提示，（肥胖：1.2），不良手，文本，错误，缺少手指，多余的手指，更少的手指，裁剪，伪影，签名，水印，用户名，模糊，不良脚，不良手，不良脸部，突变，变形，多余的手指，更少的手指，多余的肢体，多余的手臂，多余的腿，畸形的肢体，融合的手指，太多的手指，长脖子，斜视，变异的手，极低分辨率，不良身体，不良比例，粗略比例，文本，多余的脚"］。

然后我们就可以看到原图中的人物已经站在了海边（见图7.6），而且人物的形象发生了很大变化，但是人物的着装保持不变。

我们可以通过这种方法，快速生成服装模特穿搭展示效果图。但是这种直接将原图放在图生图中，然后依靠提示词将原图的场景进行改变的方法，生成的图片中场景依然会有原图的影子，而且有时候使用提示词未必能带来很好的效果。所以，接下来笔者将展示另一种可以随心所欲更换背景的方法。

首先可以将原图中的人物抠出，然后找到想要放置的背景，比如城市街道，再将两者进行组合（见图7.7）。然后使用组合后的图片当作ControlNet的引导图片。

图7.6

图7.7

因为ControlNet的作用本身就是用参考图片的特征去引导图片生成，所以我们使用替换后的场景就能够得到比提示词更加直观的效果。为了更好地提取新参考图片的特征，我们这一次使用Lineart提取轮廓特征，使用Depth提取空间深度特征，使用Segmentation提取图片中的语义特征。之后保持原有参数不变，但是将提示词中的"beach"改成"street"，因为我们新更换的背景是街道，所以提示词也要统一起来。

可以看到，刚才生成的图片（见图7.8）中，人物已经和背景很好地融为一体，并且背景完全是按照我们的场景图片特征进行生成的。

我们还可以尝试将图生图中的参数"蒙版区域内容处理"选为"填充"，因为前文提到过，这个选项可以使生成的元素颜色参考蒙版覆盖区域的颜色。我们使用"填充"生成的图片（见图7.9）中，人物的衣服确实有蓝色的色彩倾向。

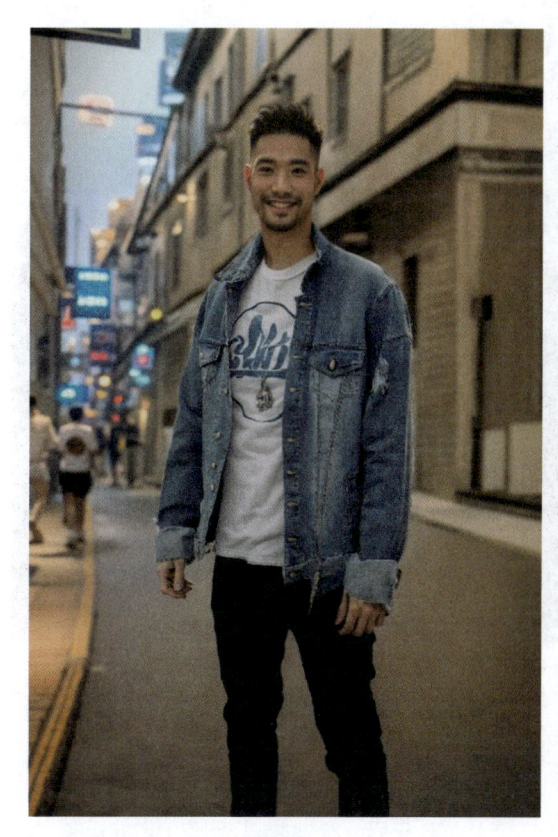

图7.8　　　　　　　　　　　　　　　图7.9

7.2 室内设计

AIGC技术的核心优势在于其高效性，它不仅可以用在电商产品行业，在室内设计行业的应用也非常多。室内设计传统上依赖设计师的手工绘图和长时间的方案构思，而通过AIGC技术，设计师能迅速生成多样化的设计方案。想象一下，设计师只需输入空间尺寸、风格偏好、颜色主题等参数，系统便能提供多个方案（见图7.10）。这种快速迭代不仅节省时间，也为设计师提供了更多探索不同设计方案的机会。

图7.10

在个性化设计方面,AIGC技术同样展现出了其独特的价值。它能够深度了解每位客户的独特需求,并根据这些需求提供定制化的设计方案。以Design AI公司为例,他们使用AIGC技术为客户提供高度个性化的室内设计服务。客户上传房间照片和个人喜好后,系统就能生成符合他们品位的多个设计方案,这种个性化服务在传统设计流程中是难以想象的。

AIGC技术在创新设计的探索上也表现出色,它能够学习和模拟全球的各种设计风格,甚至创造出前所未有的设计概念。设计师可以借助这项技术轻松获得融合不同文化元素的设计灵感,这对追求创新和差异化的设计师来说,无疑是一个巨大的宝藏。

从更宏观的角度来看,AIGC技术在室内设计领域的应用不仅仅是工具和流程的改进,更是一种思维方式的转变。设计师需要学会与这项技术合作,利用它来扩展自己的创意边界,而不是被其限制。比如,设计师会经常遇到一个应用场景,那就是为毛坯房(见图7.11)生成效果图。

首先可以把这张毛坯房的照片放到 SD WebUI 的文生图下面的 ControlNet 插件中，然后使用"Scribble/Sketch（涂鸦/草图）"进行图片线条特征的提取（见图 7.12）。之所以使用"Scribble/Sketch（涂鸦/草图）"而不是用其他的线条控制类型的 ControlNet 模型，是因为我们希望一个室内效果图里面的元素是很丰富的，有各种家具、装饰或植物，而 Canny、Lineart 或 SoftEdge，它们对线条的控制过于严格，会限制 AI 的想象力。而"Scribble/Sketch（涂鸦/草图）"可以保持图片不会严格地按照线条的类型来生成，这样才能生成比较丰富的画面。

图 7.11　　　　　　　　　　　　　　图 7.12

确定好 ControlNet 的类型之后，要设定我们希望的室内设计的风格，比如我们希望生成一张明显的北欧风格的图片，可以将提示词这样设定："Unique Nordic style interior design. The walls are bright white, the floor is made of raw wood, and the light spills into the room through the large windows. Simple wooden furniture, comfortable sofas and chairs, soft lighting, simple ornaments, hanging pictures and plants, soft lighting"（译为："独特的北欧风格室内设计。墙壁是明亮的白色，地板是原木做的，光线从大窗户洒进房间。简单的木制家具，舒适的沙发和椅子，柔和灯光，简单的装饰物，有挂画和植物，柔和的照明"）。第一句就要点明我们要的图片的风格是什么，然后再去描述各区域的细节、元素，这样才能更好地将我们希望的风格呈现出来。

由于我们希望生成的只是室内效果图，不希望有人出现在其中，所以负向提示词可以这样写："humans, monochrome, overexposure, watermark, text, paintings, sketches, (worst quality:2), (low quality:2), (normal quality:2), lowres"[译为："人类，单色，过度曝光，水印，文本，绘画，草图，（最差质量：2），（低质量：2），（正常质量：2），低分辨率"]。将"human"一词添加到负向提示词中，即可达到单纯地生成室内效果图的目的。

使用这些提示词生成的图片（见图 7.13），完美地展示了我们想要的北欧风的效果，风格干净、清新，而且充满了自然的感觉。

图7.13

这个方法的重点是，毛坯房加上ControlNet中的"Scribble/Sketch（涂鸦/草图）"控制画面的整体大结构，配合风格化的提示词，可以生成高格调的效果图。如果保持前文提到的北欧风的提示词不变，配合不同角度的毛坯房，我们会发现新生成的效果图（见图7.14）依然保持了相同的风格。

图7.14

随着技术的不断进步，我们有理由相信AIGC将在室内设计领域扮演更加重要的角色，它将推动设计师和客户之间的互动方式，创造出更加个性化、高效和创新的设计。在这个过程中，设计师的角色也将发生变化，他们将成为技术和人类创造力之间的桥梁，探索室内设计的新境界。

7.3 IP三视图设计

探讨AIGC技术和品牌IP形象设计的融合，实际上是在经历一场创新和创造力的变革。这个迅速发展的行业，为设计师和品牌所有者带来了史无前例的机遇，并为整个创意产业开辟了新的增量空间。

利用机器学习和算法，AIGC技术能迅速创造出独特的IP角色、标志和其他视觉元素，极大地提高了创作的效率。过去，设计师可能需要花费很久的时间来构思和绘制一张角色草图，但现在这项工作通过本节的技巧在几分钟内就可以迅速完成，这使设计师能够更快地探索和实现不同的创意想法。

我们所使用的SD WebUI便是非常容易进行IP形象设计的工具。为了做好本节的IP形象三视图的方案，让我们先从模型开始进行设计。在大模型上，可以选择ReVAnimated，这是一个非常好的制作2.5D图片的模型，除此之外还可以结合一个LoRA模型blindbox，这个模型可以用来制作一些盲盒类的卡通形象。

正提示词使用"best quality, meticulously crafted, high resolution, intricate details, amazing, epic, 8K, 3D, ((award winning character concept art of a child)), standing, (full body:1.4), 3 perspectives, Simple Background, <lora:blindbox_V1Mix:0.8>"[译为："最好的质量，精心制作，高分辨率，复杂的细节，惊人，史诗，8K，3D，（（儿童获奖角色概念艺术）），站立，（全身：1.4），3个视角，简单背景,<lora:blindbox_V1Mix:0.8>"]。其中的"<lora:blindbox_V1Mix:0.8>"是使用LoRA模型的意思。

另外，正提示词中的"3 perspectives"是三重视角的意思，通常指的是从三个不同的角度，比如正面、侧面和背面，展示一个对象或场景，这样可以提供对角色的全面视觉了解。正面视角展示角色的前部特征，侧面视角揭示侧面轮廓和深度，背面视角则展现角色的背部细节。这种方法在角色设计和3D建模中非常普遍，因为它提供了完整的视觉信息，对于制作角色的物理模型或动画非常有用。在AI绘图领域，这个词可以帮助我们生成同一个角色的三视图。

负提示词使用"nsfw, sketches, (worst quality:2), (low quality:2), (normal quality:2), lowres, normal quality, ((monochrome)), ((grayscale)), skin spots, acnes, skin blemishes, bad anatomy, (long hair: 1.4), DeepNegative, (fat: 1.2), facing away, looking away, tilted head, bad hands, text, error, missing fingers, extra digit, fewer digits, cropped, worst quality, low quality, normal quality, jpeg artifacts, signature, watermark, username, blurry, bad feet, poorly drawn hands, poorly drawn face, mutation, deformed, extra fingers, extra limbs, extra arms, extra legs, malformed limbs, fused fingers, too many fingers, long neck, cross-eyed, mutated hands, polar lowres, bad body, bad proportions, gross proportions, missing arms, missing legs, extra foot"[译为："不适合工作场所的图片，素描，（最差质量：2），（低质量：2），（普通质量：2），低分辨率，普通质量，（单色），（灰度），皮肤斑点，痤疮，皮肤瑕疵，糟糕的解剖结构，（长发：1.4），深度负向提示，（肥胖：1.2），背对，看向别处，头部倾斜，手部画得不好，文本，错误，缺少手指，多余的手指，更少的手指，裁剪，最差质量，低质量，普通质量，JPEG噪点，签名，水印，用户名，模糊，脚部画得不好，裁剪，手部画得不好，脸部画得不好，变异，畸形，多余的手指，多余的肢体，多余的手臂，多余的腿，畸形的肢体，手指融合，手指过多，脖子过长，斜视，手部变异，极低分辨率，身体画得不好，比例不当，比例丑陋，缺少手臂，缺少腿，多余的脚"]。

因为我们想要在一张图片上直接生成一个形象的三视图，所以需要将生成图片的尺寸调宽，宽度是1872像素，高度是800像素。在使用这个配置生成的图片（见图7.15）中，可以看到女孩的面部形象特征都保持了一致性。

图7.15

但是图片中只有右侧的4个女孩的服装保持了一致，左侧女孩的裙子是黑色的，这样就很不协调。而且提示词中要求的是3个不同角度的形象，最后呈现的却是5个，出现这个问题的原因是我们设定的画面的尺寸太大了。所以，可以将原先的1872像素×800像素，改为1040像素×440像素，然后使用高清修复的方法将图片放大2倍，以此得到高清的图片。

在新生成的图片（见图7.16）中，我们可以看到IP形象的数量已经变成了3个，而且服装的形象得到了很好的统一。

图7.16

为了更好地控制生成人物的动作姿态,我们可以自己设计多个OpenPose图的拼接,以这样的方式一次性生成多张指定动态的IP形象图片。

首先可以使用前文提到的"open-pose-editor"这个工具(见图7.17),制作不同角度的OpenPose图。

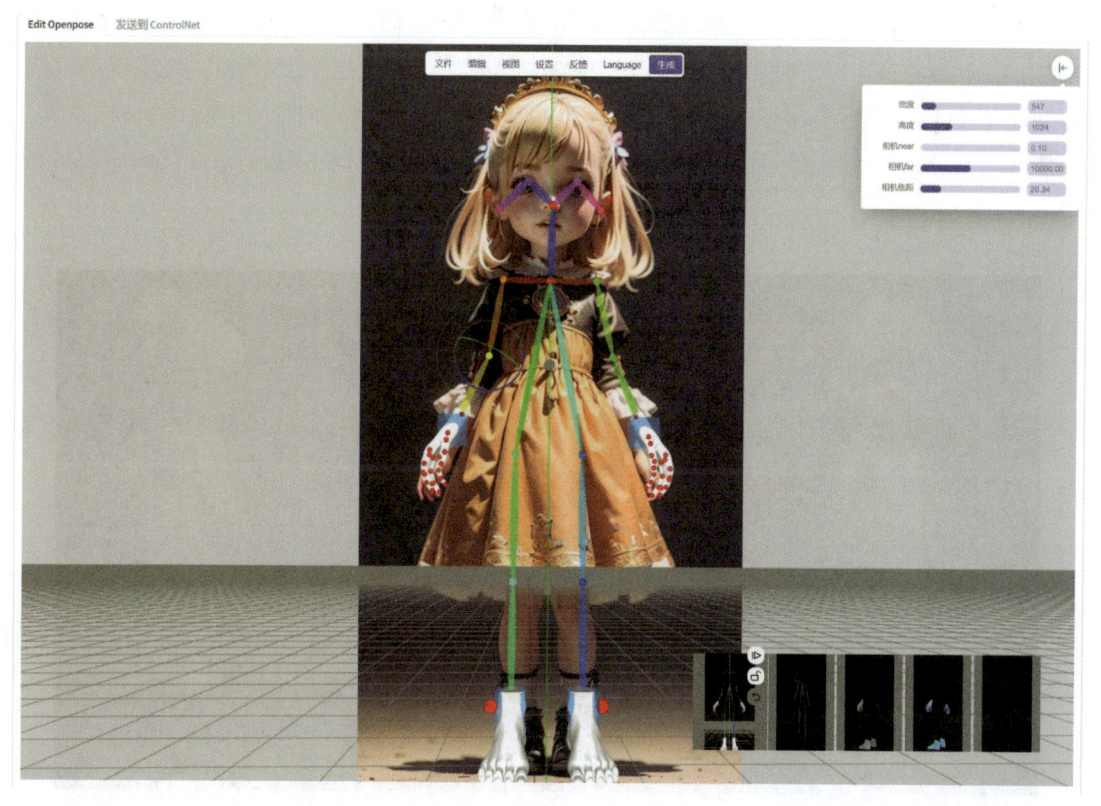

图7.17

然后将它们拼成一张图（见图7.18），将这张图放到ControlNet里做引导图。

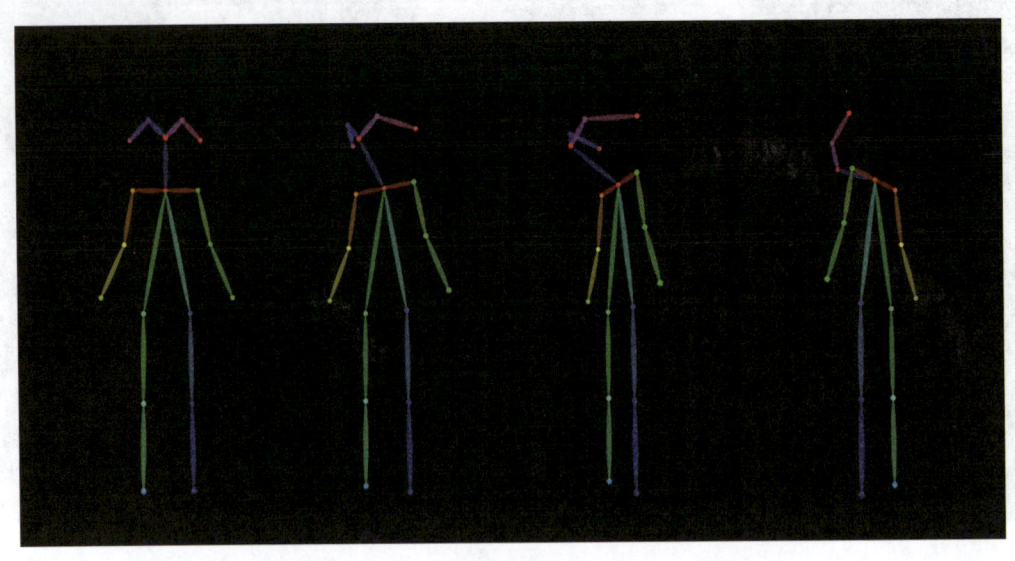

图7.18

保持负提示词不变，正提示词的部分可以增添细节，以便生成更符合我们需求的形象："best quality, meticulously crafted, high resolution, intricate details, Amazing, epic, 8K, 3D, ((award winning character concept art of a child)), smile, standing, (full body:1.4), 3 perspectives, blonde hair, brown eyes, white dress, yellow coat, short hair, jacket, ribbon, (Simple Background:1.3)"[译为："最佳品质，精心制作，高分辨率，复杂细节，惊人，史诗，8K，3D，((获奖儿童角色概念艺术))，微笑，站立，(全身：1.4)，三种视角，金发，棕色眼睛，白色连衣裙，黄色外套，短发，夹克，丝带，(简单背景：1.3)"]。

在新生成的图片（见图7.19）中，我们可以看到4个不同角度的人物很好地契合了我们拼接好的OpenPose图中的姿态，而且人物形象都保持了一致。

图7.19

我们其实还可以使用别的风格类的LoRA模型，以便让生成的形象（见图7.20）更具有多样性。

图7.20

对于品牌和IP所有者来说，AIGC技术提供了一种全新的方式来吸引观众和与观众沟通。通过创造独特且引人入胜的视觉内容，品牌能更有效地讲述自己的故事和价值观。这种技术的应用让品牌在竞争激烈的市场中脱颖而出，与客户建立更深厚的关系。设计师的创造力和AIGC之间的合作为创意产业注入了新的活力，推动了艺术与科技的融合。这种跨界合作不仅使设计和艺术的表达形式更加丰富，还为整个行业带来了新的发展。

7.4 品牌海报制作

在品牌领域，对于品牌超级符号——LOGO的再设计，对于品牌建设来说一直是一个很重要的切入点，不同形象的符号组成，代表着不同的品牌文化、品牌内涵。AIGC技术的出现对品牌符号的表现力增强起到了重要的推动作用。

我们以苹果公司的LOGO（见图7.21）为例，它作为最知名的品牌符号之一，历代被无数知名设计师不断地进行精彩演绎，这铸就了其无与伦比的品牌力。

我们想对这个LOGO进行再次演绎，可以先将它放到SD WebUI中的ControlNet中，使用Depth（见图7.22）去得到这张图片的深度信息。

正向提示词部分可以发挥想象，将我们希望这个LOGO变成什么样的场景写出来，比如："best quality, meticulously crafted,

图7.21

high resolution, intricate details, ((realistic)), photographic, ice, Floating Ice Combination, a shape made of ice, Strange world of ice and snow, anti-gravity, no_human"［译为："最好的质量，精心制作，高分辨率，复杂的细节，（（逼真）），摄影，冰，浮冰组合，一个由冰制成的形状，冰雪的奇异世界，反重力，没有人"］。注意，我们在正提示词中添加上了"no_human"，也就是说，我们希望生成的图片中是没有人的，为了进一步加大控制力度，除了正常的"nsfw, sketches, (worst quality:2), (low quality:2), (normal quality:2), lowres，normal quality, ((monochrome)), ((grayscale)), skin spots, acnes，skin blemishes, bad anatomy, (long hair:1.4), DeepNegative , (fat:1.2)"等负提示词，再写上"human"，这样在正反提示词中均做出描述，可以确保画面中不出现某一样元素。

在生成的图片（见图7.23）中，可以看到LOGO元素已经恰到好处地呈现出提示词的要求了，变成了一个由冰雪组成的图形，而且周围的环境和光影也表现得非常真实。

图7.22

图7.23

还可以通过不同的提示词，比如"a glass jar filled with flames"（译为："充满火焰的玻璃罐"），或者"countless lightning"（译为："无数的闪电"），来达到不同的图片效果（图7.24）。只要提示词得当，图片就会如实反映提示词中的有趣画面。

a glass jar filled with flames   countless lightning

图 7.24

除了这种直接使用LOGO图片作为ControlNet参考图，我们还可以找一些背景图片放在LOGO的后面（见图7.25），让场景更加丰富一些。

为了让背景更加丰富，可以使用ControlNet中的SoftEdge进行轮廓的控制。正提示词的部分，依然要发挥我们的想象力，可以写："best quality, meticulously crafted, high resolution, intricate details, ((realistic)), photographic, aesthetics, beautiful composition, tall building, cyberpunk, blue tone, rare material, lightning"［译为："最好的质量，精心制作，高分辨率，复杂的细节，（（现实主义）），摄影，美学，美丽的构图，高层建筑，赛博朋克，蓝色调，稀有材料，闪电"］。可以看到，新生成的图片（见图7.26）变得非常有科技感。

图 7.25

但仔细看图片，我们会发现其中的机器结构的纹理或云彩的形状等缺少细节。为了增加细节感，可以将图片放到图生图的页面，将刚才生成的图片放到ControlNet中，这一次使用tile模型，然后将重绘幅度改到0.6左右，这样既可以保持原图的结构，又能为图片增加细节。最后将迭代步数提高到35左右，这样可以让图片细节更加丰富。

可以看到，生成图片（见图7.27）中机器结构的细节、光泽、云的形象，均得到大幅度提高。

图7.26　　　　　　　　　　　　　　图7.27

到现在为止，整个画面已经很完善了，如果还想有进一步提升，可以从色调和光的方向上下手。首先可以用任意图片编辑软件制作一张光源图，放到图生图中，如图7.28所示。

正提示词可以简单写一些，比如："best quality, meticulously crafted, high resolution, intricate details, ((realistic)), photographic, City of the Future"［译为："最佳质量，精心制作，高分辨率，复杂的细节，（（逼真）），摄影，未来之城"］。重绘幅度可以拉高一些，直接设为0.8。

将刚才生成的图片放到ControlNet中，使用Canny固定轮廓特征，使用Depth固定深度特征。使用这种方法得到的图片（见图7.29）就会包含我们所制作的光源图的颜色特征。

图7.28   图7.29

7.5 古画修复

　　AI绘图技术，特别是Stable Diffusion等先进技术，正在彻底改变我们保护和继承文化遗产的方式。通过分析大量数据并应用复杂的算法，这些技术可以制作出极其逼真的图像和艺术作品，打开了一个全新的艺术之门。想象一下，受损或部分丢失的古代艺术品，如壁画、绘画和雕塑，可以通过AI技术得以修复，重新展现其历史原貌。这不仅能帮助我们保存珍贵的文化遗产，还为研究历史和文化提供了更真实、更丰富的资料。因此，AI技术让我们能够跨越时空的界限，重新欣赏古代艺术的独特魅力。

　　AI绘图技术在文化复原中的作用不只是模仿和重现，它还带来了创新和灵活性，不仅能够模仿经典艺术风格，还能创造出全新的视觉效果和艺术表现形式。这意味着文化复原可以超越传统的界限，变得更加自由和创新。

　　在中国，这项技术尤其适用于修复丰富的文化遗产，尤其是在修复古代画像和将其转化为逼真的人物形象方面，比如将《清明上河图》等经典作品中的人物和场景以高度逼真的形式复原。这不仅是对古代艺术家创作精神的致敬，也为现代人提供了一种全新的、互动式的艺术欣赏方式。通过这种方式，古代画像中的人物仿佛走出画中，成为我们可以接触和了解的真实存在。

最容易引发想象力的古代绘画题材就是皇帝的画像，因为每一任皇帝都是历史知名人物，容易给人以想象空间。图7.30所示是唐太宗李世民的画像，我们希望借助AI的力量将它复原成真人。

人像的背景有些杂乱，我们可以将人物主体用抠图软件抠出（见图7.31），然后将抠出来的图片放到SD webUI的图生图中，在ControlNet中，我们主要使用Lineart和OpenPose来分别控制人物的轮廓和动态特征。

图7.30

图7.31

在正提示词中要将人物的形象描述清晰，比如："8K, RAW photo, best quality, masterpiece, realistic, A Emperor of China, Long beard"（译为："8K, RAW照片，最佳质量，杰作，逼真，中国的皇帝，长胡子"）。由于是人物肖像，而且没有手，所以负提示词部分可以简单一点："nsfw, paintings, sketches, (worst quality:2), (low quality:2), (normal quality:2), lowres, ((monochrome)), ((grayscale)), acnes, bad anatomy, text, error, extra digit, fewer digits, cropped, artifact, signature, watermark, username, blurry, deformed"［译为："不适合在工作场所的图片，绘画，草图，（最差质量：2），（低质量：2），（正常质量：2），低分辨率，（（单色）），（（灰度）），痤疮，不良解剖结构，文本，错误，多余的手指，更少的手指，裁剪，伪影，签名，水印，用户名，模糊，变形"］。由于使用了ControlNet来控制，我们可以将重绘幅度调大一些，比如0.7左右，以实现更加逼真的效果。

那么，在生成的图片（见图7.32）中，可以看到人物的形象得到了很好的保留，而且非常真实，让我们得以一睹这位传奇帝王的风采。

除了这种肖像，我们还可以尝试制作人物的全身像（见图7.33）。在制作这类画像写实修复时，需要先将图片放到文生图的ControlNet中，使用Lineart和Depth分别控制画像的轮廓特征和深度特征。正向提示词使用："8K, RAW photo, best quality, masterpiece, realistic, A Emperor of China, Long beard, A magnificent throne, Yellow_clothes, Inside the Chinese Palace"（译为："8K，RAW照片，最好的质量，杰作，现实主义，中国皇帝，长胡子，华丽的王座，黄色的衣服，中国宫殿内部"）。

图 7.32 　　　　　　　　　　　　　　　　图 7.33

这一步的主要目的是将生成场景和人物的真实性提高，所以尽管生成的图片（见图7.34）中的人物和画像中的人物一点也不像，但只要真实度足够就是可以的。

下一步我们再将最不像的地方，也就是中间主体人物的原图，通过绘图软件放到AI生成的图片上。然后将处理好的图片（见图7.35）放入图生图的局部重绘中，将整个人物涂上蒙版。

图 7.34 　　　　　　　　　　　　　　　　图 7.35

ControlNet的部分依然使用Lineart和Depth。为了保证相似度，可以将重绘幅度调到0.62。由此可以看到，新生成的图片中的人物身体和画像中的人物基本上一样（图7.36）。但是人物头部依然不行，尤其是帽子部分，居然生成了绿色的帽子。

所以，可以将原画像中人物的头部（见图7.37）单独裁切下来，放到图生图中，在ControlNet中使用Lineart进行控制，重绘幅度设为0.34。

图7.36

图7.37

经过这样的调整后，生成的图片中的人物（见图7.38）既保留了与原图的相似性，也提高了真实感。最后再将头部单独放到图片中，得到的图片（见图7.39）便是一张非常接近画作的写实人物的图片。

图7.38

图7.39

通过上面的古代画像转真人的案例，我们可以很直观地看到当AI技术将古老的艺术和文化以新颖的方式呈现给公众时，它激发了人们对历史和文化遗产的兴趣。这种技术让文化遗产以更加生动的形式呈现，更易于被现代社会接受和欣赏，从而促进了文化遗产的传播和普及。

7.6 艺术文字设计

在艺术文字设计行业，传统方法往往依赖于设计师的创造力和执行力。然而，随着Stable Diffusion及其相关模型与插件生态的日益成熟，艺术文字设计领域的表现形式也经历了巨大改变。我们只需要稍加练习，就能掌握多种文字图形化的技巧，这一转变意味着设计师可以将更多精力投入创意构思上，而非技术执行的烦琐细节。

我们可以将指定的文字无缝嵌入生成的画面中，如图7.40所示，可以看到图片中有一个巨大的"爽"字，而且文字已经和光影、人物、环境融为一体，非常自然。这种视觉效果会给人带来非常有意思的联想。

要想达到这种效果，需要提前利用绘图软件做一张写上文字的图片（见图7.41），然后用它来为画面添加文字引导。

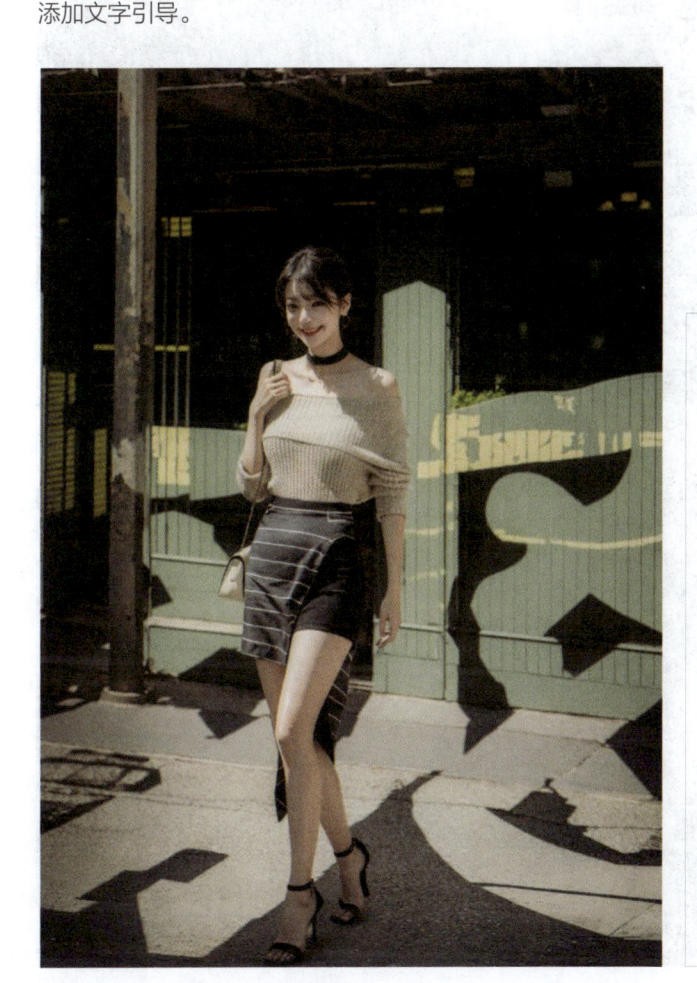

图7.40　　　　　　　　　　　　　　　图7.41

将它放入文生图页面中的ControlNet里,使用Scribble(草图)模型进行引导。正提示词可以使用:"Dark environment, The strong light shining on girl's body,1 girl, solo, exquisite facial features, earrings, oval face, choker, ankle, long legs, skirt, smile, stand, a lively street, city, natural shading, vibrant color, best quality, masterpiece"[译为:"黑暗的环境,强烈的光照在女孩的身上,一个女孩,一个人,精致的五官,耳环,鹅蛋脸,颈链,脚踝,长腿,裙子,微笑,站立,一条生机勃勃的街道,城市,自然的光影,充满活力的颜色,最好的质量,杰作"]。从提示词上强调光感,利用光影为文字出现的合理性做好铺垫。

负提示词使用:"nsfw, paintings, sketches, (worst quality:2), (low quality:2), (normal quality:2), lowres, ((monochrome)), ((grayscale)), acnes, text, error, extra digit, fewer digits, cropped, artifact, signature, watermark, username, blurry, bad feet, poorly face, mutation, deformed, extra fingers, extra limbs, extra arms, extra legs, malformed limbs, long neck, cross-eyed, mutated hands, polar lowres, bad body, bad proportions, gross proportions, text, extra foot"[译为:"不适合在工作场所的图片,绘画,素描,(最差质量:2),(低质量:2),(正常质量:2),低分辨率,((单色)),((灰度)),痤疮,文本,错误,多余的手指,更少的手指,裁剪,伪影,签名,水印,用户名,模糊,坏脚,面部缺陷,突变,变形,多余的手指,多余的肢体,多余的手臂,多余的腿,畸形的肢体,长脖子,斜视,变异的手,极低分辨率,糟糕的身体,糟糕的比例,严重失调的比例,文本,多余的脚"],用来避免生成过于奇怪的人物肢体。

从生成的图片来看(见图7.42),ControlNet中的文字已经非常好地融入了画面之中,变成画中元素的一部分,而图片中的人物也没有丝毫的崩坏现象,显得非常活泼可爱。

图7.42

除了使用ControlNet的Scribble模型，还可以使用一个叫作QRCode模型。这个模型只需要去Hugging Face网站上搜索"control_v1p_sd15_qrcode_monster"，就可以找到。将模型下载下来之后，需要放到这个路径里："\extensions\sd-webui-controlnet\models"。

之后需要准备一张引导图片（见图7.43），图片的内容仍和文字相关。将它放到文生图的ControlNet中，模型则选择刚才下载好的QRCode模型。

在正提示词中写上"Cinematic scene, (lens flare:1.3), still-life photography, Rich cuisine, bread, beverages, pink flowers, ocean, Depth of field, film grain, bokeh, best quality, masterpiece, high resolution, no humans"[译为："电影场景，（镜头光斑：1.3），静物摄影，丰富的美食，面包，饮料，粉红色的花朵，海洋，景深效果，胶片颗粒，散焦，最佳质量，杰作，高分辨率，无人物"]。

图7.43

因为不希望出现人，所以负提示词使用："human, paintings, sketches, (worst quality:2), (low quality:2), (normal quality:2), lowres, ((monochrome)), ((grayscale)), acnes, text, error, extra digit, fewer digits, cropped"（译为："人类，绘画，素描，（最差质量：2），（低质量：2），（正常质量：2），低分辨率，（（单色）），（（灰度）），痤疮，文本，错误，多余的手指，更少的手指，裁剪"）。

在生成的图片中会发现（见图7.44），我们给定的引导文字更加巧妙地融入画面中了，"幻"字变成了背景，"觉"字变成了一块面包。这种由AI技术赋能的视觉效果确实令人惊叹！

图7.44

第8章
LoRA 模型训练

8.1 训练工具的安装

训练LoRA模型需要使用一个叫作"lora-scripts"的工具。这个工具可以在GitHub上搜索到，我们可以自行将其下载到本地。下载完成后，检查电脑上有没有Python 3.10和Git，如果没有，需要预先安装一下。如果已经有了，可以直接进入安装项目环境环节，在项目文件夹（见图8.1）里找到叫作"install-cn.ps1"的文件，右击它，选择"使用PowerShell"运行，就会自动下载一些环境文件。

图8.1

下载完成后就可以在项目文件夹里找到一个叫作"venv"的文件夹，这里面就是自动下载的文件。运行时，需要在项目文件夹里找到"run_gui.ps1"文件，使用PowerShell方式打开，就能看到训练LoRA的网页（见图8.2）自动弹出了。

图8.2

前文提到过LoRA模型的作用是为图片添加指定的特征，那么训练LoRA模型的过程其实就是将若干张图片上共有的某种特征制作成模型。因此，要训练一个LoRA模型，需要事先准备若干张图片和与图片匹配的提示词文件。

8.2 训练集的收集与处理

LoRA模型能达到的目的非常多，我们需要依照不同的训练目的，去预先准备训练集里的图片。

准备图片的标准是具有共性的图片。比如，我们训练模型的目的是让生成的人物都穿上同一件衣服，那么训练集里的每一张图片都必须是同一件衣服。或者，我们训练模型的目的是让生成的图片中呈现某一种构图，那么就必须让训练集里的每一张图片都是同一种构图。又或者，我们训练模型的目的是让生成的图片中出现统一的画风，那么就必须保证训练集里的图片画风一致。

图8.3是笔者准备的训练玻璃材质的训练集图片的一部分，可以看到图片中都是玻璃材质的各种工艺品，非常统一。那么，在收集到这些图片后，我们需要做的第一件事就是将这些图片的尺寸调整到一样大小，因为一样大小的图片才能更加高效地被AI学习。

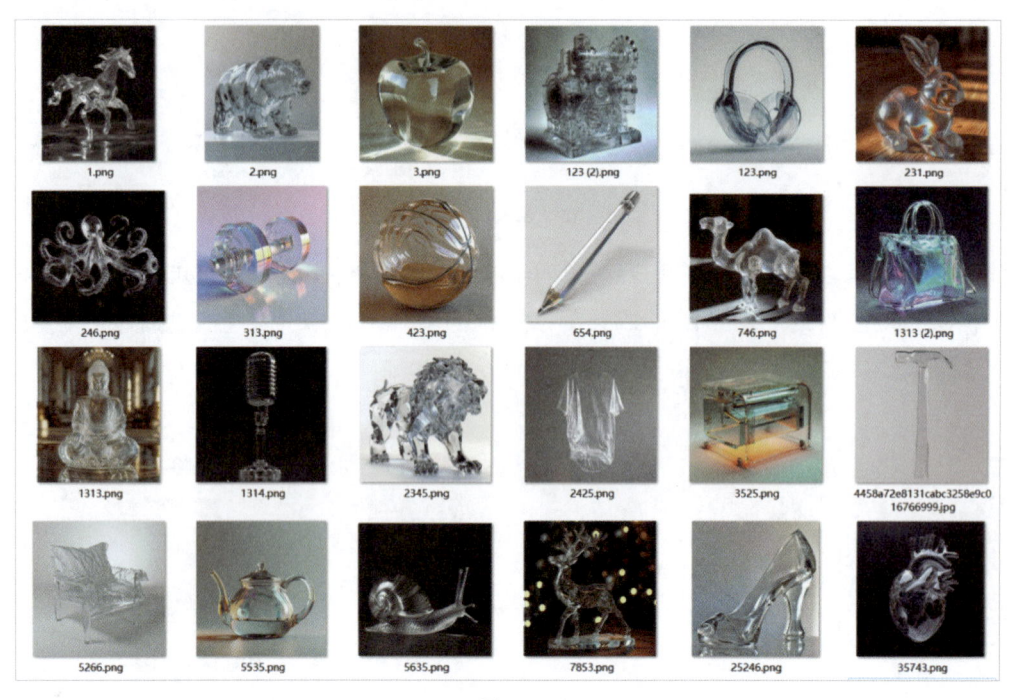

图8.3

图片的尺寸需要是64的倍数，而且最好围绕着512像素、768像素、1024像素这几个范围来设定。图片可以是正方形，比如长512像素、宽512像素，或者长768像素、宽768像素；也可以是长方形，比如512像素×768像素，或者768像素×1024像素等。

调整图片的尺寸时既可以手动调整，也可以直接用SD webUI里自带的插件来完成。

首先要在导航栏里找到"后期处理"（见图8.4），在出现的功能页面中选择"批量处理文件夹"，将训练集所在的文件夹放到"输入目录"中，然后将处理好的图片的文件夹放到"输出目录"中。在"输出目录"下，可以看到缩放选项，此时需要选择"缩放到"，在出现的像素滑条中选择希望得到图片处理的尺寸。最后不要忘了在放大算法中选择自己喜欢的算法。做好这一切之后，可以单击"生成"按钮，稍等片刻，就能看到图片的尺寸已经全部处理好了。

如果我们想要模型呈现的功能是让输出的图片呈现统一的绘画风格，那么在图片的选择方面则需要多思考一个问题：需要这个模型学习到画面中归纳造型的方法吗？比如，训练集的画面中对人的归纳是简单的线条加豆豆眼，那么使用训练好的模型输出的图片中的人，你希望也是简单的线条加豆豆眼吗？如果你不希望连这种造型的归纳也学习进去，那么在训练集的收集上就需要采用另外的方法。

图 8.4

我们在训练集中可以不放入所有有关人物的图片，这样一来，AI 就无法学习"长着豆豆眼的人"这一特征了。因此，使用这个训练集训练出来的模型输出的人物也不会是长着豆豆眼的人物。

8.3 制作合适的训练集标签

所谓训练集标签，指的是和图片名字一致的、文件名后缀是".txt"格式的文档。文档中的内容全都是在描述图片信息。那么，这个文档的作用就是为了让 AI 更好地学习训练集的内容，因此必须让训练集标签的内容与训练集图片匹配得更加精准。

如图 8.5 所示，右边是训练集中的图片，打标签的过程有点像使用提示词给这张图片进行抠图处理，比如我们在标签文件里写上了"玻璃兔子"这个词，那么包含了玻璃兔子这个形象的区域就会被 AI 识别；如果我们在标签文件里写上了"影子"这个词，那么包含影子的区域就会被 AI 所识别。以此类推，直到我们准确地形容出图片的全部内容，AI 才能充分理解、学习这张图片。

图 8.5

训练集里的图片数量一般都很多，如果我们想要批量生成训练集标签，需要使用 lora-scripts 工具。我们需要在它的侧边栏中找到"WD1.4 标签器"，单击进入后，将训练集图片所在的文件夹路径复制进"path（见图片文件夹路径）"里，将"threshold（阈值）"的值调到 0.35~0.5，数值越低，自动得到的提示词的数量就越多；数值越高，自动得到的提示词的数量就越少（见图 8.6）。

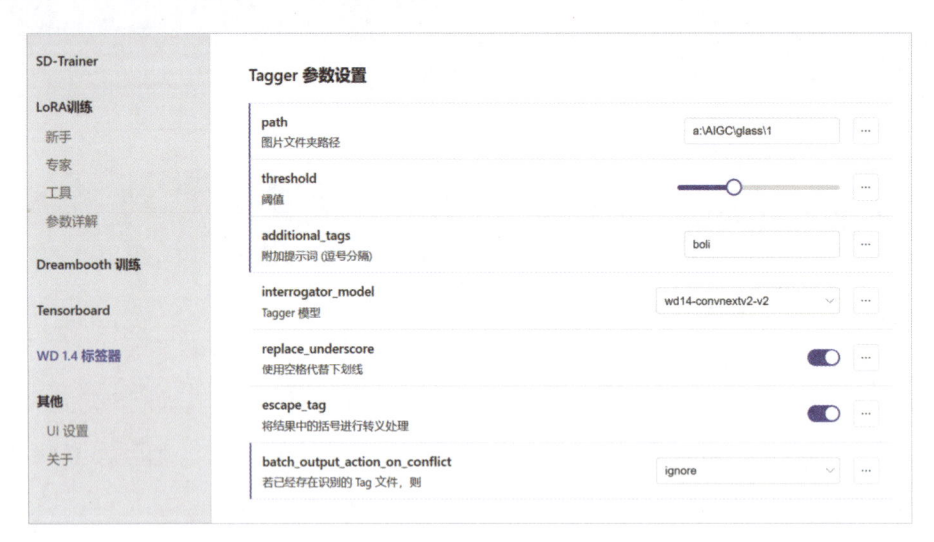

图8.6

additional_tags（附加提示词）中需要填写模型效果的触发词。这个词一定要是一个自己编的词，而不是现有的英文单词。因为已有的词往往在大模型中已经对应了一个形象，我们在实际生成图片的过程中，就会把这个形象推理到画面中，而不是使用在LoRA模型中训练好的形象。

interrogator_model（Tagger模型）选择"wd14-convnextv2-v2"，这个模型是用来推理提示词的。replace_underscore（使用空格代替下划线）和escape_tag（将结果中的括号进行转义处理）这两个选项都需要打开。在batch_output_action_on_conflict（若已经存在识别的 Tag 文件，则）选项中选择"ignore"。

参数选择完成后单击页面中的"启动"按钮，".txt"格式的提示词文件（见图8.7）就能够批量生成了。

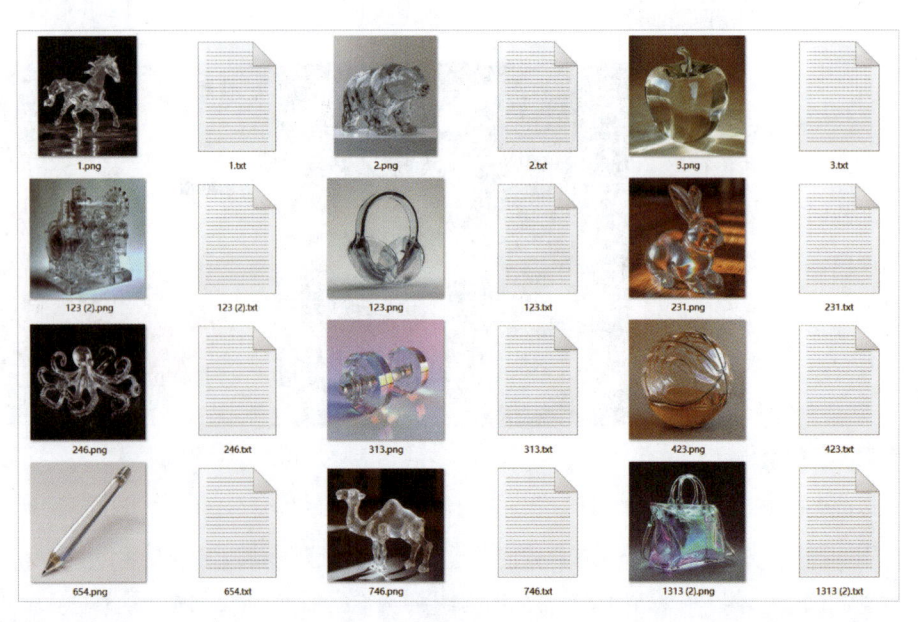

图8.7

此时提示词文件虽然已经存在了，但还不能直接用，因为毕竟是批量生成的，文件内的提示词的准确性还需要进一步处理。这一环节应该包含两个动作，第一个动作是检查提示词是否能很恰当地涵盖图片中的内容，第二个动作是将我们想保留下来的元素所对应的词删掉。

前文提到过，打标签的过程有点像使用提示词给这张图片进行抠图处理，每一个词都会对应图片中的某个区域，AI会如实地理解画面，在生成图片的时候，AI则会依据正提示词中所写的词在画面中调用出相关的形象。如果我们在生成图片的时候不去写正提示词，那么这些词对应的形象则不会出现。为了确保我们设定的固定形象始终出现在提示词中，就需要将和固定形象相关的词删掉，这样，这些被删掉的词对应的形象才能被归纳到前面设定的"触发词"下。然后生成图片的时候，只需要在正提示词里写上一个触发词，就能很好地调用我们设定的固定形象了。

如图8.8所示，这张图片对应的提示词是："boli, handbag, transparent, no humans, still life, glass, gradient, gradient background, grey background, see-through, simple background, shiny, liquid, shadow, intravenous drip, cable"（译为："boli, 手提包，透明，无人物，静物，玻璃，渐变，渐变背景，灰色背景，透视，简单背景，闪亮，液体，阴影，静脉滴注，电缆"）。其中第一个"boli"是笔者设定的触发词，是"玻璃"的拼音。在处理这段提示词的时候，首先需要将自动生成的不准确的词删掉，比如"liquid, intravenous drip, cable, still life"（译为："液体，静脉滴注，电缆，静物"）。然后需要将我们想保留的形象特征全部删掉，比如我们想保留的是玻璃材质，就需要将"transparent, see-through, glass, shiny"（译为："透明，透视，玻璃，闪亮"）删掉，最后再删除冗余的词"gradient, simple background"（译为："渐变，简单背景"）。

图8.8

最后整理好的词如下："boli, handbag, no humans, gradient background, grey background, shadow"（译为："boli，手提包，无人物，渐变背景，灰色背景，影子"）。

我们需要对每一个提示词文件重复进行这一步骤，只有这样，模型的效果才能更加符合我们的要求。

8.4 LoRA模型训练实操

完成训练集的筛选及标签文档的处理，下面就可以开始训练模型了。首先需要在侧边栏找到"专家"，进入后来到填写训练LoRA的地方，我们需要在这个页面（见图8.9）填写各种参数。

图8.9

我们需要将一个大模型的路径复制到"pretrained_model_name_or_path"（底模文件路径）中，这个大模型的选择需要视训练集图片的风格而定。比如，训练集的图片都是写实图片，那就可以使用写实类的模型；如果训练集的图片都是二次元图片，那么可以使用二次元类的模型。

输入完底模型文件路径后，要把训练集文件夹重新命名，命名的格式是以一个数字开头，后跟一个下划线再接一个名字。比如"100_boli"，前面的100是指在一个学习轮次内，这个文件夹里的图片被学习多少次。这里的数字不能太大，否则AI在一个学习轮次里就会学习得太多，训练好的模型输出的图片会过于像训练集的图片，使模型没有想象力。但也不能太小，否则AI在一个学习轮次里就会学习得太少，训练好的模型输出的图片不会像训练集的图片，使模型失去了原有的作用。

这里的数字应该视训练集数量而定，比如当训练集里的图片数量在10张左右时，在一个学习轮次内，这个文件夹里的图片最好被学习150次左右；如果是20张左右，那么这个数字应该是100左右，即训练集里的图片每张被学习100次；如果是40张左右，那么这个数字应该是70次左右。以此类推，但是最好不要低于40，即在每个学习轮次内，这个文件夹里的图被学习40次。

在命名好训练集文件夹后，将这个文件夹放到另一个新文件夹里，新文件夹的名字可以随意设置。然后将新建立好的文件夹的路径复制到train_data_dir中。

在"resolution"（训练图片分辨率，宽×高）参数中，需要填入的是训练集图片的像素大小。比如，笔者的训练集统一是768像素×768像素，那么可以写成"768,768"。

我们需要将生成模型的名字和模型保存的路径分别填入"output_name（模型保存名称）"和"output_dir（模型保存文件夹）"里面，这样在训练结束后就能在对应的位置找到对应的模型。

"save_model_as"（模型保存格式）一般选择"safetensors"。"save_precision"（模型保存精度）选择fp16或bf16均可。

"max_train_epochs"（最大训练轮数）的意思是AI总共要学习几次训练集。一般情况下，可以填"10"，这意味着AI会学习10遍。"save_every_n_epoch"（每 N 个epoch（轮）自动保存一次模型），max_train_epochs参数除以这个参数，就是完成训练后得到的模型数量，一般填1或2。

"train_batch_size"（批量大小）是指AI一次能学习几张图片，比如这个参数是2，那么一次能学习2张图片。这个参数越大，训练的时间就越短，训练需要消耗的显存就越大。

前文提到，我们可以通过文件夹命名的方式确定每张图片在一个学习轮次，也就是epoch内学习的次数，这个次数也叫作repeats，整个训练流程的总步数可以通过如下公式进行计算：总步数=（训练集内图片数量×repeats×epoch）/ train_batch_size。总步数的数量与训练产出的模型的质量没有直接关系，和训练时长有正相关关系，总步数越大，训练时长越长，反之则越短。

在LoRA训练参数中，关于学习率（见图8.10）的设置是非常重要的。训练模型的过程可以理解为一个人在山谷中不断地穿行，直至找到谷底。可以将学习率简单地理解成这个人寻找谷底的步伐大小，步伐越大，那么找到谷底的速度也越快，同时这个人越看不清周围的风景；步伐越小，可能找到谷底的速度会慢，但是这个人看周围的风景会比较仔细。

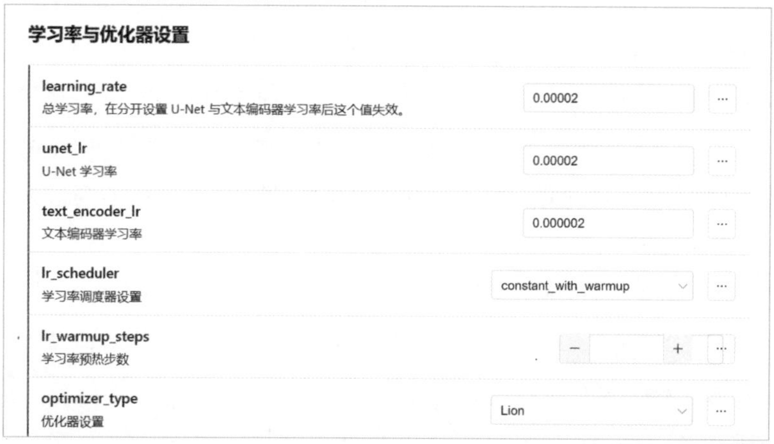

图8.10

一个LoRA模型里包含了unet和text_encoder，它们可以分别进行学习率的设置，也可以整体进行设置。"learning_rate"（总学习率），意味着整体训练的过程的快慢，在分开设置"unet_lr"（U-Net

学习率）与"text_encoder_lr"（文本编码器学习率）后，这个值失效。"unet_lr"（U-Net学习率）和"text_encoder_lr"（文本编码器学习率）分别表示对训练集里的图片的学习度，以及对与图片对应的标签文档的学习度。一般来说，学习率是要根据"optimizer_type"（优化器设置）的值来进行设置的。"optimizer_type"（优化器设置）的选项有很多，但是只推荐大家从以下2个里面选：Lion和Adam8bit，其中Lion优化器是笔者经常使用的优化器。它的特点是学习速度比较慢，比较难学习到训练集的共性，但优点是学习得比较精细，训练好的模型比较能体现训练集的内容。所以，如果选择Lion优化器，unet_lr应该设置得低一些，如0.00001~0.000004，text_encoder_lr应该设置成unet_lr的五分之一到十分之一之间。

Adam8bit优化器的特点是学习得比较快，比较容易找到训练集中的共性，但易导致过拟合现象。如果选择它作为优化器，那么推荐大家将unet_lr设置为0.0001~0.00004。text_encoder_lr同样应该设置成unet_lr的五分之一到十分之一之间。

"lr_scheduler"（学习率调度器设置）是在深度学习训练中用于调整学习率的策略。前文提到，训练模型的过程可以理解为一个人在山谷中不断地穿行，直至找到谷底，学习率就像是人步伐的大小，而lr_scheduler就像前进的方向，如果我们能一直向谷底的方向前进，那么就会越快地找到谷底。

推荐从以下三个选项中选择lr_scheduler：cosine、cosine_with_restarts和constant_with_warmup。如果训练集图片中的元素和结构比较简单，可以选择cosine；如果训练集图片比较复杂，则可以选择cosine_with_restarts或constant_with_warmup。这两者的区别是，cosine_with_restarts可以定期重启学习率，避免得到的是局部最优值。因为所谓的山谷一定不是光滑的，也就是说，山谷里的不同局部一定会有不同的最低点，也就是局部最优值。如果我们被困在局部最优值里，那么最后训练出的结果一定不会很好。所以，如果使用cosine_with_restarts，假如我们陷在局部最优里，就可以通过重启来摆脱困境。选择这个调度器，会出现一个新的参数lr_scheduler_num_cycles（重启次数），这个参数决定了重启的次数。如果我们的epoch小于10，lr_scheduler_num_cycles可以填2，epoch越大，这个参数就可以越大。

constant_with_warmup调度器的主要作用是在训练的初始阶段逐渐增加学习率，达到一个恒定的学习率，然后在剩余的训练过程中保持这个学习率不变。具体分为热身阶段和恒定学习率阶段。热身阶段是指在训练的开始阶段，学习率从一个较低的值逐渐增加到预设的恒定值，通常持续几个epoch或一定数量的训练步骤。这种逐渐增加学习率的做法可以帮助模型在训练初期更稳定地收敛，避免因为一开始学习率过高而导致训练不稳定。因此，通过对constant_with_warmup匹配的参数lr_warmup_steps（学习率预热步数）的设定，能规定训练的前多少步属于热身阶段。恒定学习率阶段是指在热身阶段结束后，学习率保持在设定的恒定值，这个阶段占据了训练过程的大部分时间。恒定的学习率可以保持训练过程的稳定性，同时允许模型有效地学习和调整权重。

"network_dim"通常指的是神经网络中的一些关键结构参数，这些参数决定了网络的大小、复杂度和容量，可以将这个参数理解为U盘，U盘容量越大，所存储的信息就越多。这个参数越大，越能存储更多的图片特征，同时训练好的模型的体积也越大，通常设置在128左右。"network_alpha"通常设置成"network_dim"的一半。

在训练集标签方面，有两个参数特别重要（见图8.11）。第一个是"shuffle_caption"（训练时随机打乱tokens），这个参数是指对标签文档中的词汇或短语进行重新排列，以生成新的文本样本。这是一种数据增强技术，可以帮助模型学习到更加健壮的特征表示，因为它被迫从重排后的文本中提取有用的信息，开启这个参数可以防止过拟合和提高泛化能力。第二个是"keep_tokens"（在随机打乱tokens时，保留前N个不变），指要保留标签文档中的前多少个特定词汇，这些词通常是触发词，所以这个参数需要按照我们设定的触发词的数量进行填写。

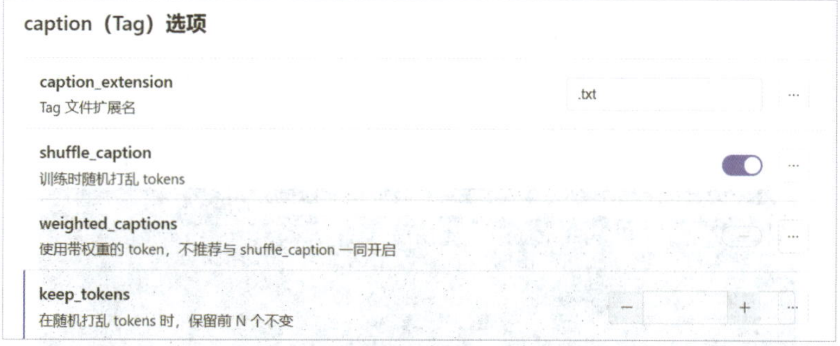

图8.11

关于图片质量也有两个参数很重要（见图8.12），分别是"multires noise iterations"（多分辨率噪声迭代）和"multires_noise discount"（多分辨率噪声衰减）。其中的multires noise iterations通常用于提高模型的性能和图像生成的质量。这种方法的核心思想是在不同的分辨率级别上对图像进行处理或生成，从而更好地捕捉和学习图像的不同尺度特征，有助于模型避免过拟合并生成更多样化的结果。而且在不同的分辨率级别上加入噪声，可以进一步提高生成图像的多样性和真实感。这个参数的设置推荐在6到10之间。

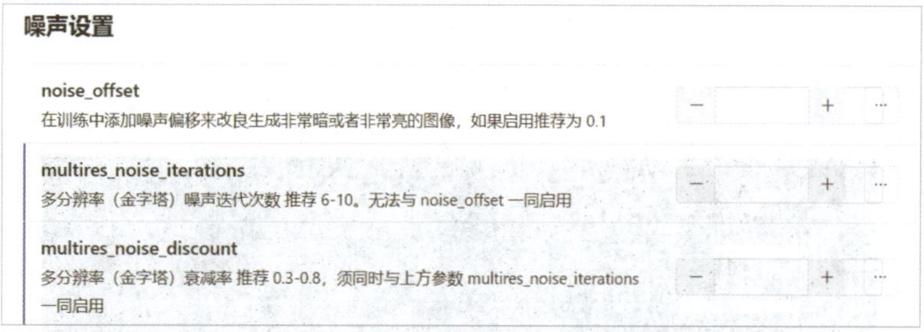

图8.12

而multires_noise discount通常指的是在不同分辨率层级上应用噪声时，噪声强度的减少（衰减）率。因为在高分辨率层上，过强的噪声可能会破坏细节，而在低分辨率层上，较强的噪声可能有助于模型学习更广泛的特征。通过适当调整噪声衰减率，可以在不同的分辨率层级上平衡噪声和信号的比例，这有助于提高生成图像的整体质量。在高分辨率层上减少噪声，可以保证图像的细节和清晰度，增加模型的泛化能力，并实现风格的多样性。这个参数的设置推荐在0.3到0.8之间。

"mixed_precision"（训练混合精度）参数选择bf16或fp16均可。xFormers（见图8.13）选项一定要开启，因为它可以减少训练的时间，提升训练效率。

图 8.13

以上都是非常重要的参数。填写好之后，单击"开始训练"按钮，就能在后台看到训练的信息（见图 8.14）正在逐步出现，比如加载大模型、epoch 数量等。

图 8.14

整个训练环节持续的时间与训练参数和训练集数量成正比关系。比如，max_train_epochs、repeats 的值越大，或者训练集中图片的数量越多，那么整体的训练时间就越长。训练完成后在后台（见图 8.15）就会看到"训练完成"的字样。由于我们的 epoch 选择的是 10，save_every_n_epoch 选择的是 1，所以最后得到的模型数量是 10 除以 1，也就是 10 个 LoRA 模型。

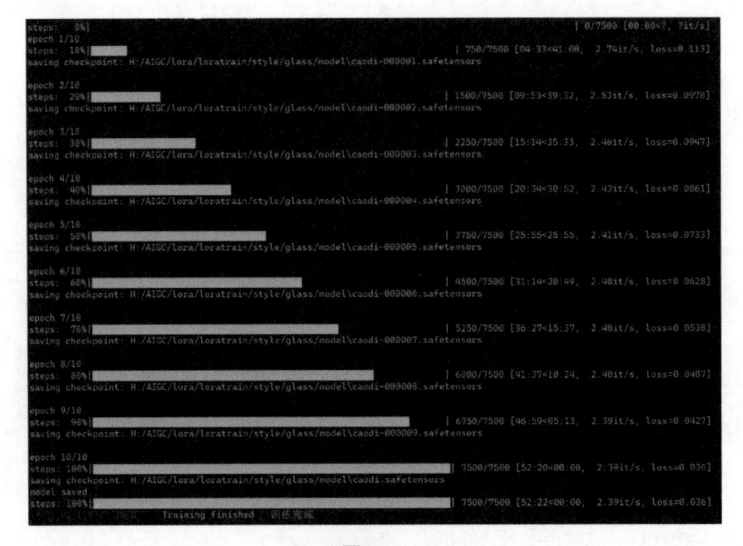

图 8.15

在图8.15中，我们能看到每一个epoch的训练状况，包括时间和loss值等。其中loss值是一个非常重要的概念，它用于衡量模型的预测结果与真实值之间的差异或误差。loss值越小，意味着模型的预测结果与实际值越接近，即模型的性能越好，高loss值则表示模型的预测准确度较低。通常情况下，这个值在0.08左右是最优的。

8.5 模型测试

经过训练，我们有了10个模型，下面通过相似度、泛化性、适应性验证，来挑选其中训练结果最好的模型。

首先来验证相似度，这一步的目的是检验我们训练出的图片和训练集图片的相似程度，相似程度越高说明模型质量越好。将训练好的模型全部放到"\extensions\sd-webui-additional-networks\models\lora"路径。然后来到SDwebUI的文生图页面，模型选择训练时候用的底模型。正提示词选择训练集中任意一张图片所匹配的提示词。如图8.16所示，图片对应的标签文档里的内容是："boli, an octopus, no humans, tentacles, black background, monochrome, solo"（译为："boli，章鱼，没有人物，触手，黑色背景，单色，单个"）。我们需要将这段提示词全部放在文生图页面中的正提示词框里。负向提示词为空白，因为负向提示词也会影响画面的最终效果，为了最大限度地检验模型输出图片与训练集图片的相似度，应该将其保持空白。

图8.16

生成参数（见图8.17）中的宽度和高度应该和训练参数中填写的尺寸保持一致。

在下方的插件区域，我们要找到"Additional Networks"插件（见图8.18），打开后单击"启用"，在附加模型1的"模型1"中选择刚才生成的模型。如果找不到，可以单击插件最下方的"刷新模型列表"按钮。

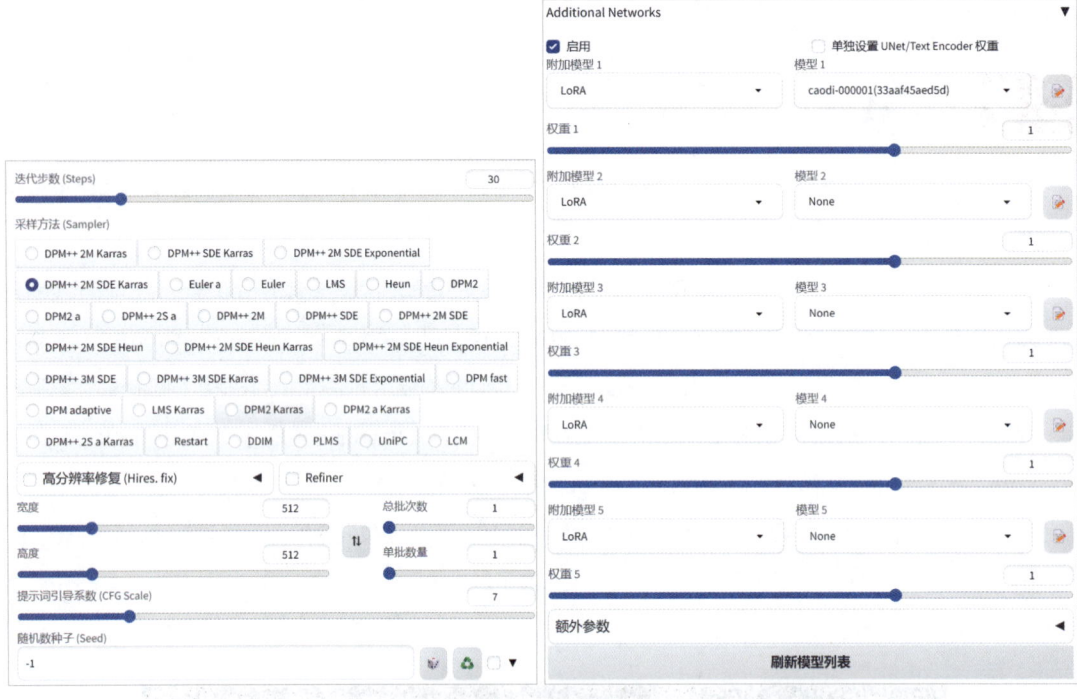

图8.17

图8.18

然后在脚本中选择"X/Y/Z plot"（见图8.19），在X轴类型中选择"AddNet Weight 1"（附加模型1 权重），在对应的X轴值的位置写上"0,0.2,0.4,0.6,0.8,1"，这代表测试模型的权重从0到1。其实权重为0时，模型对生成结果不起任何作用，但是在验证这一环节，笔者认为是有必要加上去的，因为我们要观察自己训练的模型是如何从0一步一步将携带的特征添加到图片上的。

在Y轴类型中选择"AddNet Model 1"（附加模型1）。在右侧对应的Y轴值中，选择我们训练好的模型。Z轴类型处不需要进行任何设置。做好这些后就可以单击"生成"按钮，开始图片的生成了。

生成结束后，我们会得到一张带有横纵坐标的图片（见图8.20），这张图片在"\outputs\txt2img-grids"路径中可以找到。图片的横轴代表

图8.19

第 8 章　LoRA 模型训练

一个模型权重从左向右的递增，纵轴则代表了训练的第 1 个 epoch 到第 10 个 epoch 产出的模型。

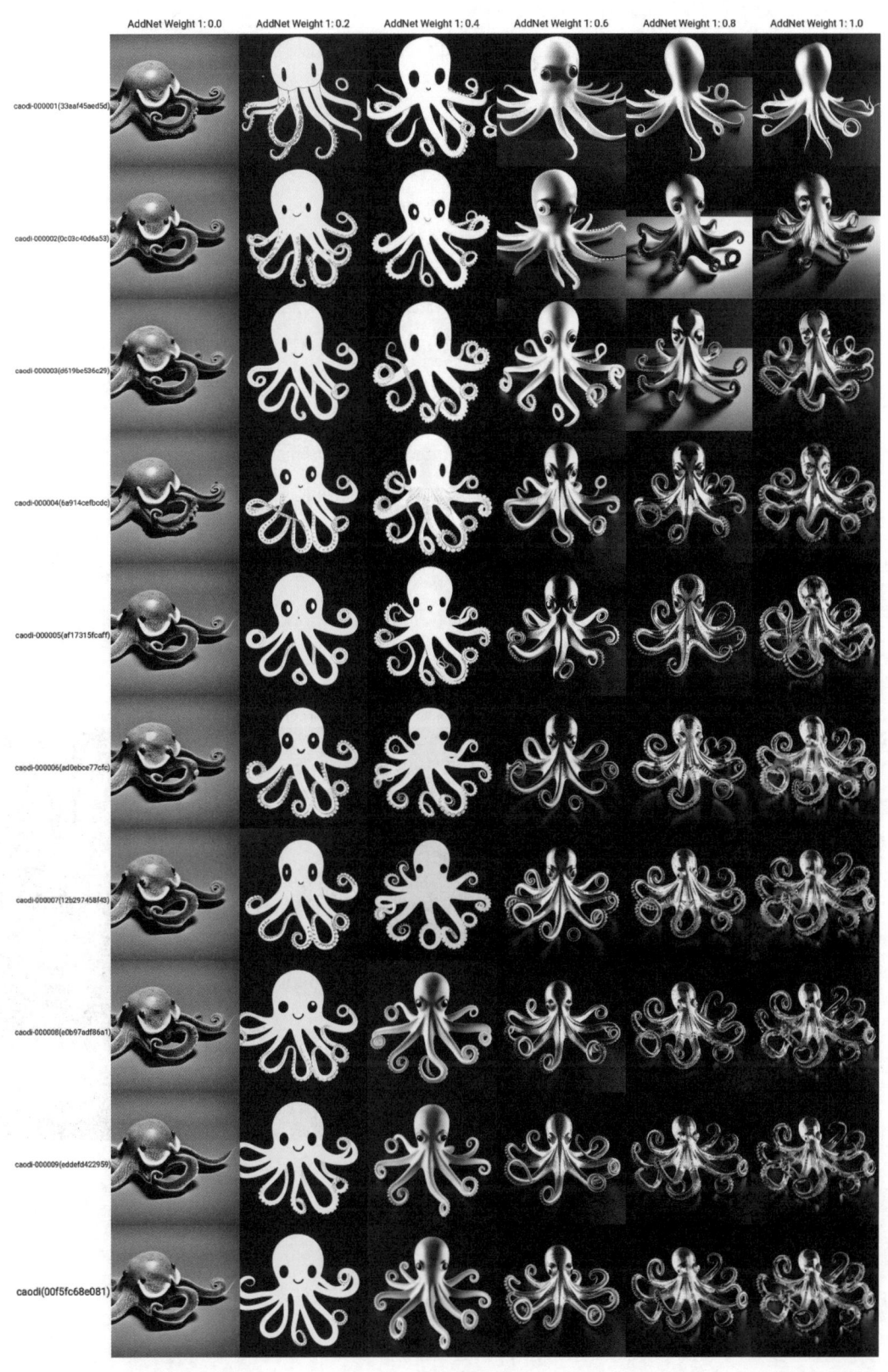

图 8.20

可以看到，随着权重与训练批次的递增，训练集中的形象逐渐地出现在画面中，并且第8个epoch到第10个epoch这3个模型产出的图片和训练集是最像的。接下来把Y轴值中的其他模型删掉（见图8.21），因为我们要重点测试这3个模型，验证它们的泛化性如何，是不是可以将这种玻璃材质迁移到别的物体上。

图8.21

想测试泛化性，需要在正提示词里写上训练集里没有的形象，测试这个形象能不能顺利出现。比如，将正提示词写成："boli, table, indoor, best quality,masterpiece,HDR,UHD,8K"，这里多了一个table单词，也就是桌子，负提示词里可以加上一些常见的负面词，做好这些后，可以再次生成。

从新得到的图片（见图8.22）中可以看到，这些模型都可以把桌子的材质变成玻璃的，但是最后一个模型中桌子的形象已经完全改变了，只有第8和第9个模型生成的图片能保持桌子的形象。所以，我们要重点测试第8个和第9个模型。

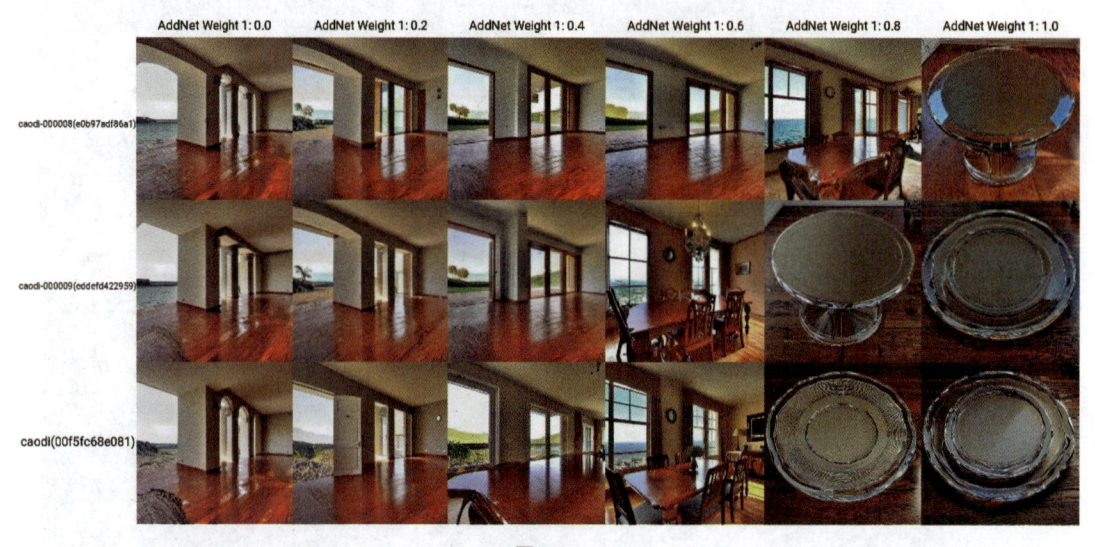

图8.22

在测试完相似度和泛化性之后，还需要进行适用性测试，目的是测试模型和哪些大模型搭配使用最好。因此，可以使用不同的大模型结合LoRA去生成多张图片（见图8.23），看一下是不是都能产生非常不错的效果。

图8.23

如果每张图片都能得到不错的反馈,我们得到的这个模型才是一个优秀的模型,如果不能,则需要重新训练。

8.6 与客户对接模型训练工作

将模型训练运用到商业中,必须将各个环节做到标准化。为此,需要将整个环节拆分成6个部分:调研,训练集准备,标签制作,模型训练,模型测试,交付。

1. 调研

这一环节需要明确模型训练目的,没有目的就提供不了训练方案,没有训练方案就不能知道训练模型需要消耗的资源,也就无从报价。所以,这一环节需要甲方和模型作者共同参与,模型作者需要引导甲方,得出其使用模型的目的。另外,可以使用表8.1进行需求的记录和分析。

表8.1 模型训练目的调研

序号	目的		详情说明
1	模型目的	固定形象	(例:固定某人的脸)
		固定风格	(例:固定某画家的绘画风格)
		功能	(例:让生成的人物的腿变长)
		其他	
2	模型如何使用		(写清楚在什么工作中会用到,以及如何用)

除了训练目的的调研,还需要进行训练集参考的整理,我们必须亲眼看到甲方意向的参考图片及希望模型生成图片的参考,才能对模型训练有一个更具体的把控。这一环节一般是甲方提供参考图片,让模型作者充分理解需求。也可以使用表8.2进行参考图片的特征整理,注意,左栏是特征说明,在此处写我们需要让模型携带的特征(比如某种颜色的服装或某种风格的背景),右侧则是参考图片放置的位置。

表8.2 特征说明

序号	特征说明	参考图片
1	特征1 (例:圆脸)	
2	特征2 (例:绿色瞳孔)	
…	…	

有了详细的前期调研，双方都已经清晰地明白训练的目标是什么及训练集长什么样，然后需要讨论训练集应该如何获得，并且给出报价方案。

因为训练集有两种方法可以得到，一是自己生成，二是从现有图片采集。如果是模型作者自己生成，比如实际拍摄、PS修图、AI绘图软件生成等，则会加大作者的工作量，所以报价需要向上适当调整。如果训练集图片是对现有图片的采集，则要考虑版权问题，我们需要联系版权方进行洽谈。这种工作流程繁杂，不建议模型作者自己独立承担。但是如果现有图片中有一些无版权的图片或是甲方自有图片，那么针对这些图片的采集和轻微调整，比如对采集到的图片进行调色、裁剪、超分等处理，是可以不产生额外花费的。具体的报价方案可以参考表8.3。另外，建议甲方支付50%的定金。

表8.3 模型训练报价方案

序号	标的	说明
1	训练集准备	
2	训练周期	
3	模型测试	
4	交付日期	
…	…	
	报价金额	

经过一系列调研，我们已经明确了训练的目的、效果和成本，并给出了合理的报价，甲方通过后，就可以进行下一环节：训练集准备。

2. 训练集准备

准备训练集之前，模型作者可以先出一个如表8.4所示的训练集采集表格，让甲方确认。甲方确认后，作者即可开始工作。

表8.4 训练集采集

序号	训练集采集要求		说明
1	模型目的		
2	训练集数量		
3	训练集特征	特征1	
		特征2	
		…	
4	训练集要求		

训练集采集期间，作者和甲方要进行多次互动，确保训练集方向一致。训练集采集完成后，必须由甲方进行训练集验收，甲方确认后，方可进入下一环节。甲方的验收标准是统一性、泛化性、质量和尺寸。统一性是看训练集整体是否有统一的特征倾向。泛化性是看训练集里的图片是否足够多元，比如不同角度、

不同主体等。质量是看训练集里图片的清晰度，以及关键特征是否有残缺等。尺寸不要求一样，但要做到比例趋同。

3. 标签制作

有了合适的训练集后，就可以为训练集打合适的标签了。依据训练目的的不同，清洗、处理标签的方法也不同。此环节模型作者按照自己的方法工作即可，甲方可以过一遍，但不建议甲方参与此环节。

4. 模型训练

有了合适的训练集和标签后，才能进行模型的训练。这一环节模型作者要依据不同目的、训练集和标签调整参数，训练模型，最终得到训练好的模型。

5. 模型测试

得到模型后需要对其进行检验才能够确定模型的效果，依据不同目的可以对本流程进行有选择的测试。依据测试结果选择交付、重新训练或调整模型。完整的模型测试需要经过以下3个步骤：第1步是进行相似性测试，测试模型生成的图片和训练集中图片特征的相似情况；第2步是进行泛化性测试，测试模型生成的图片能不能产生训练集以外的特征；第3步是进行适用性测试，测试模型和哪些大模型搭配使用最好。经历过这些测试后，我们就能知道哪个模型是最好的。

6. 交付

得到最佳模型后就可以进行交付了。交付内容包括最终模型和模型使用方案，比如参数推荐、prompt推荐、题材推荐、可以和哪些模型结合使用等，并且要和甲方讨论后期是否需要模型迭代操作。完成交付后，甲方可以结尾款。其中模型交付内容笔者建议按照表8.5进行填写，这样才能非常好地帮助甲方去使用和规划模型。

表8.5 模型训练成果交付

序号	交付内容		描述
1	模型名		
2	版本号		
3	交付日期		
4	训练项目地址（训练集、标签和冗余模型）		
5	使用方案	参数推荐	
		prompt	
		题材推荐	
		模型结合推荐	
		…	
6	迭代需求		

第 9 章
仰望星辰大海

9.1 探索AI在各领域的应用

随着人工智能技术的快速发展,人工智能生成内容(AIGC)通过模拟人类的创造力和智慧,为我们提供了一种全新的内容创作方式,不仅是图片生成,还在更多的领域进行积极的探索。

在三维方向,Stability AI推出了Stable Zero123模型,它是基于Zero123模型的改进版本。原始的Zero123及其后续迭代Zero123-XL,就已经显示出了生成高质量3D模型的能力,而Stable Zero123在此基础上进行了进一步的改进。通过更精细的数据渲染和模型条件策略,这个新模型能够根据任何输入图像生成更加逼真的3D图像,如图9.1所示。

图9.1　Hugging Face网站上的"Stable-zero123"项目页面

一个特别令人兴奋的特点是,Stable Zero123能够与Score Distillation Sampling (SDS)结合使用。这意味着它不仅能根据静态图像生成3D模型,而且这些模型的质量更高、细节更丰富。想象一下,从一张普通的照片中提取出一个完整的三维场景,这种技术为创意工作者提供了无限的可能性。

在视频方面,"AnimateDiff"项目因其稳定性和易用性,自从推出以来迅速火爆。它是一种用于将个性化文本及图像(T2I)模型等扩展成动画生成的实用方法,无须针对特定模型进行调整。AnimateDiff通过从大型视频数据集中学习运动先验知识,可以插入用户自行训练或从平台直接下载的个性化T2I模型中,从而生成具有适当动态的动画片段(见图9.2)。用户可以运用这个技术轻松将一个视频转绘成一个动漫场景,也可以执行文生视频的操作,非常具有可玩性。

图9.2　github网站上AnimateDiff项目的主页

除了开源的视频技术，越来越多的视频生成模型被大厂陆续推出，并包装成了闭源的产品面向用户。通义万相是阿里云通义旗下的可提供AI艺术创作的创意作画平台，近日上线了自研的AI视频生成大模型（见图9.3），用户既可以通过文本描述去生成一段长度为6秒的视频，也可以将自己的一张图片变成一段运动的视频。用文本生成的话有一定的比例限制，比如"16:9"或者"4:3"，用图片生成视频的话则没有比例限制。所有的视频生成操作和运行流程全部在线上，完全不需要本地的算力资源，这大大降低了大众体验AI乐趣的门槛。笔者经过反复测验，认为其流畅度和表现力在同类产品中都是领先的。

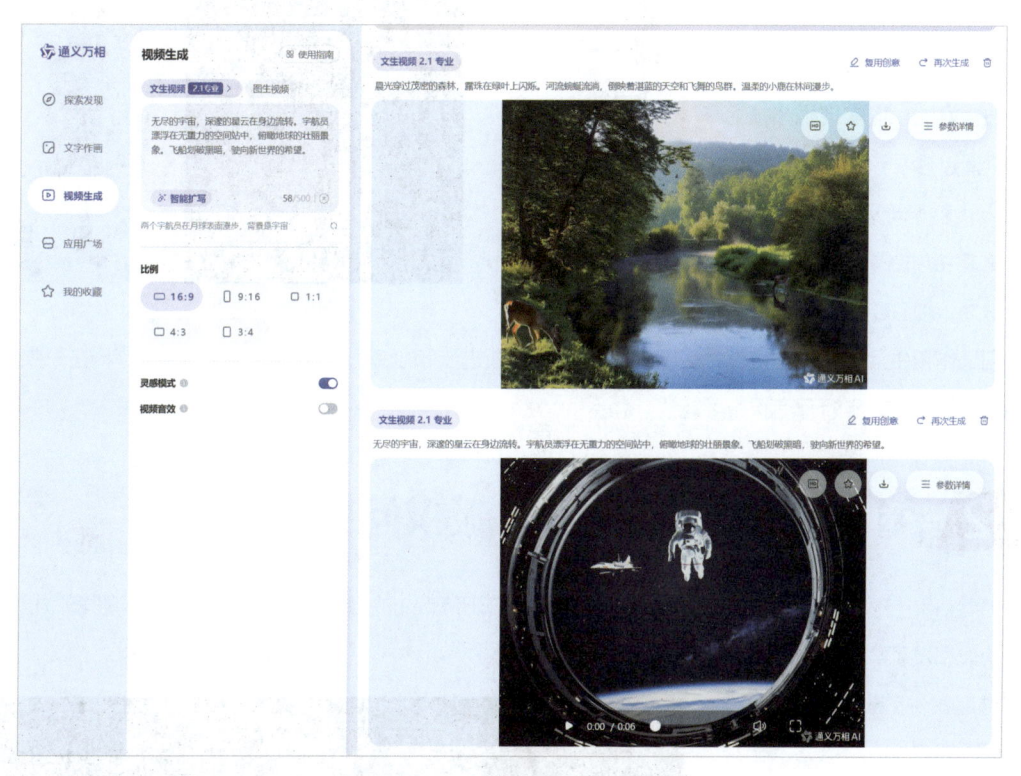

图9.3

除了视频生成领域，更多和人物生成相关的领域也越来越被AI技术涉及。"Outfit Anyone"是由阿里巴巴集团智能计算研究所开发的一种虚拟试衣技术，它采用双流条件扩散模型，能够有效处理服装变形，生成逼真的试衣效果（见图9.4）。这项技术不仅适用于真实世界的人物和服装，还能应用于动漫角色，支持多种体型和奇异的时尚风格。其包含两个关键部分：零样本试穿网络（用于初始试穿图像生成）和事后细化器（用于增强输出图像中的服装和皮肤纹理细节）。此外，"Outfit Anyone"还与"Animate Anyone"集成，可以实现任何角色的服装更换和动态视频生成。

图9.4

这项技术除了生成图片，还可与Animate Anyone集成，实现角色的服装更换和动态视频生成。Animate Anyone是一种用于角色动画的图像到视频合成框架。该技术充分利用扩散模型在视觉生成领域的强大能力，生成从静态图像到角色视频的转换过程。这一框架特别关注维持角色细节信息的时间一致性，设计了ReferenceNet来通过空间注意力融合细节特征，以保持参考图像中复杂外观特征的一致性。此外，为确保控制性和连续性，引入了有效的姿势引导器和时间建模方法，以实现视频帧之间的平滑过渡。该方法在时尚视频和人类舞蹈（见图9.5）合成基准测试中均取得了不错的结果。

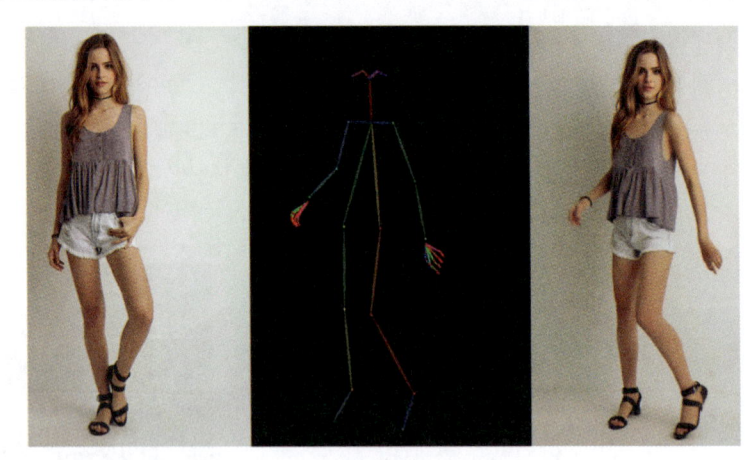

图9.5

总之，AIGC正逐渐成为改变我们工作和生活方式的关键技术。随着AI技术的不断进步和创新，我们可以预见，AIGC将在未来扮演更加重要的角色，不断开启新的可能性。

9.2 AI生成图片的法律和版权问题

随着aigc技术的兴起，其带来的版权问题日益引起所有人的注意。在我国，一起AI绘图著作权案件的判决，引发了广泛的关注和讨论。

这起案件的发端在是2023年2月，知名AIGC艺术家土豆人tudou_man（以下简称土豆人）通过AI绘图工具创作了一幅作品（见图9.6），作品中的江面上有半颗心露出水面，与水中倒影组成了一整颗完整的心，土豆人将其命名为《伴心》，并在版权局进行了登记。而后将其在互联网平台上发布。

然而不久后，这幅作品的创

图9.6

意形式在没有任何授权的情况下，被国内某地产公司擅自使用，并经由气膜公司进行了商业落地。土豆人因此将该公司告上法庭，案件经过漫长的审理过程，终于判定土豆人胜诉。

在本次案件中，法院认定土豆人的作品具有符合著作权法保护的美术作品范畴。法院指出，著作权保护的是独创性的表达，而非简单的创意或思想，因此，半个爱心气球的具体设计虽不具有独创性，但整个作品的独特表达仍然受到保护。

这一判决也令AI作品的著作权归属问题成为讨论的焦点。在AI创作过程中，机器和人的协作程度不同，判定其独创性和智力成果的归属变得复杂。例如，如果一个作品主要由AI生成，且人类创作者仅提供了基础的指令或者微调，那么这样的作品是否应当被视为原创者的智力成果？另一个争论点是，AI作品是否应当被视为纯粹的技术产物，还是能够体现出人类创作者的独创性和个性？

有专家认为，尽管AI的参与增加了判定著作权归属的复杂性，但只要人类创作者对作品的创作过程有实质性的贡献，例如通过选择特定的提示词、调整参数等方式表达其个性和审美，这些作品就应该被视为具有著作权的智力成果。同时，也有观点认为，AI创作工具更像是一种高级的绘画工具，创作者通过这种工具表达自己的创意，与使用传统画笔创作没有本质区别。

此外，这一判决对AI产业的影响也是值得关注的一点。如果AI创作的作品普遍被认为具有著作权，可能会对AI技术的发展和应用产生一定的制约。一方面，企业和个人可能会更加小心地使用AI创作工具，以避免无意中侵犯他人的著作权；另一方面，这也可能激励更多的创作者使用AI工具来创作新的作品，从而推动AI技术在艺术创作领域的应用和发展。

此案的判决虽然为AI著作权问题提供了一个先例，但它并非终结。随着AI技术的不断发展和应用的深入，关于AI作品著作权的辩论和法律挑战仍然存在。这不仅涉及AI作品的创作过程和产权归属，还涉及AI技术在创作过程中所使用的数据和算法的权利问题。例如，如果一个AI系统是基于大量未授权的原创作品训练的，那么其生成的作品是否侵犯了这些原始作品的著作权？这种情况下，原始作品的创作者是否有权要求对AI生成作品的使用进行限制或索赔？

在这个案例中，法院的判决反映出了对AI和人类协作创作的认可，强调了人类创作者在AI创作过程中的主导作用和智力投入。这一点对于鼓励创意和保护创作者权益至关重要，但同时也表明了未来可能需要更明确的法律指导和界定，以适应AI技术在创意产业中日益增长的影响。

总的来说，这一案件为中国AI创作和知识产权保护的未来发展提供了重要的参考和启示。笔者认为随着AI技术的不断进步和应用领域的扩大，对这一新兴领域的法律和伦理讨论将变得更加重要和复杂。这不仅要求法律专家、技术开发者、艺术家和政策制定者之间密切合作，也需要社会公众对这些新兴技术及其影响有更深入的理解。

9.3 AI绘画未来发展和可能性

在我们探索AI绘画的未来发展和可能性时，首先要认识到，AI绘画正处在一个快速变化和创新的阶段。在2023年和2024年短短两年时间，技术已经经过多轮迭代升级，无数应用和尝试井喷式爆发。因此AI绘画的未来充满着无限可能，它不仅改变了我们对艺术创作的理解，还有可能重新定义艺术本身。

想象一下，一个可以自主创作的AI艺术家，它能够学习和模仿历史上的伟大艺术家，甚至创造出全新的艺术风格。这不是科幻小说的情节，而是正在发生的事实。AI绘画软件如Stable Diffusion、Midjourney、DALL·E等，已经能够根据给定的主题和风格产生惊人的作品。这些工具利用深度学习算法，通过分析大量的艺术作品来理解不同的艺术风格，然后将这些风格应用到新的创作中。

随着技术的发展，AI将能够更深入地理解色彩、构图乃至图形逻辑的复杂关系，进而创造出真正独特和原创的艺术作品。它能够在不受传统物理媒介限制的情况下进行创作，这意味着新的艺术表现形式和美学可能会出现，这些是我们现在还无法完全预见的。例如，AI可以在虚拟现实环境中创作三维艺术作品，或者通过算法创造出动态变化的画面，这些作品能够根据观众的反应或环境变化而变化，从而实现一种新型的互动艺术体验。

尽管如此，AI绘画的未来发展并非没有挑战。其中之一是关于创造力和原创性的问题。虽然AI能够生成视觉上令人印象深刻的作品，但这些作品真的能称之为"创造性"的作品吗？这涉及一个哲学问题：创造力是不是人类独有的品质？目前的AI系统大多依赖于模仿和重组现有的艺术作品，因此其"创造力"更多是算法的运算结果，而非真正的创新。

此外，AI绘画也引发了有关艺术版权和所有权的复杂法律和伦理问题。当一个AI系统创作出一幅画时，这幅画的版权归谁所有？是AI的开发者、使用该系统的艺术家，还是AI本身？这些问题在目前的法律体系中还没有明确的答案，但随着AI艺术作品的增多，这些问题将变得越来越迫切。

尽管存在这些挑战，AI绘画的潜力和可能性仍然是巨大的。它不仅为艺术家提供了新的工具和媒介，还有可能诞生全新的艺术形式。随着技术的进步，AI可能会变得更加智能和自主，能够更好地理解人类情感和审美，从而创造出更加深刻和有影响力的作品。

最终，AI绘画的未来可能是一个人机协作的未来。在这个未来里，艺术家和AI协作，将人类的创意与机器的处理能力结合起来，创造出前所未有的艺术作品。这种协作不仅能够推动艺术的边界，还能够帮助我们探索和表达人类情感和经验的新方式。艺术家可以利用AI来扩展他们的创作能力，实验新的表现形式，同时AI也可以从人类艺术家那里学习和吸收新的创意和技巧。

在探讨AI绘画的未来时，我们也不能忽视它在教育和普及艺术方面的潜力。AI绘画工具可以使更多人能够轻松接触和实践艺术创作，这对于激发公众的创造力和艺术兴趣是非常有价值的。学习艺术不再局限于传统的教学方法，人们可以通过与AI的互动来学习和探索不同的艺术风格和技巧。

AI绘画的未来是一个充满无限可能性的领域。它不仅是技术的一个展示，更是人类创造力的一个新的发展方向。随着技术的进步和艺术界的适应，AI绘画将继续成长和演变，为我们带来更多前所未有的艺术体验和启示。